FORSCHUNGSBERICHT DES LANDES NORDRHEIN-WESTFALEN

Nr. 3046 / Fachgruppe Elektrotechnik/Optik

Herausgegeben vom Minister für Wissenschaft und Forschung

Prof. Dr.-Ing. Joachim Holtz
Dipl.-Ing. Ulrich Schwellenberg

Fachbereich Elektrotechnik
Labor für Elektrische Maschinen und Antriebe
Universität - Gesamthochschule - Wuppertal

Gesteuerte Gleichrichter mit weitem Stellbereich und geringer Welligkeit der Ausgangsspannung

Westdeutscher Verlag 1981

CIP-Kurztitelaufnahme der Deutschen Bibliothek

Holtz, Joachim:
Gesteuerte Gleichrichter mit weitem Stellbereich und geringer Welligkeit der Ausgangsspannung / Joachim Holtz ; Ulrich Schwellenberg. - Opladen : Westdeutscher Verlag, 1981.

(Forschungsberichte des Landes Nordrhein-Westfalen ; Nr. 3046 : Fachgruppe Elektrotechnik, Optik)
ISBN-13: 978-3-531-03046-3 e-ISBN-13: 978-3-322-87683-6
DOI: 10.1007/978-3-322-87683-6
NE: Schwellenberg, Ulrich:; Nordrhein-Westfalen: Forschungsberichte des Landes ...

Gesamtherstellung: Westdeutscher Verlag

ISBN-13: 978-3-531-03046-3

I n h a l t

0. Einleitung

Für Anwendungen in der elektrochemischen Industrie wird elektrische Leistung in Form von niedrigen bis mittleren Gleichspannungen und meist sehr hohen Strömen benötigt.

Bei bestimmten galvanischen Prozessen, z.B. der Hartverchromung, muß die Gleichspannung möglichst frei sein von überlagerten Wechselkomponenten. Aus diesem Grunde werden hier vor allem ungesteuerte Gleichrichterschaltungen zur Energieumwandlung eingesetzt, wodurch die Welligkeit der Ausgangsspannung bei sechspulsigen Schaltungen auf etwa 4 % festgelegt ist.

Bei anderen Prozessen, z.B. der Kupferelektrolyse, sind Verfahren bekannt geworden, die eine Erhöhung der Stromdichte und damit der Abscheidungsrate bei gleichbleibender Oberflächengüte gestatten /1/. Hierzu ist es erforderlich, das Elektrolysebad periodisch mit einem impulsförmigen, in Gegenrichtung aufgeschalteten Strom von einigen Millisekunden Dauer zu betreiben.

Die Werte von Gleichspannung oder -strom des Gleichrichters müssen im Betrieb an jede Charge neu angepaßt werden können. Zu diesem Zweck muß die Spannung des Gleichrichters möglichst stufenlos zwischen Null und ihrem Höchstwert einstellbar sein. Als Stellglieder wurden bisher mechanisch betätigte Stelltransformatoren eingesetzt, die für kleinere Leistungen quasistetig einstellbar, für größere Leistungen feinstufig umschaltbar ausgeführt werden /2/. Eine Aufschaltung von Stromimpulsen in Gegenrichtung ist mit derartigen Stellgliedern praktisch nicht möglich.

Es besteht inzwischen der Wunsch, die mechanischen Stellglieder durch elektronisch arbeitende Schaltungen zu ersetzen. Damit wäre eine Reihe von Vorteilen verbunden:

- extrem kurze Stellzeiten, wie sie für das Strompulsverfahren erforderlich sind,

- Kurzschlußfestigkeit durch Strombegrenzungsregelung,

- verschleiß- und wartungsfreie Anlagen, dadurch erhöhte Zuverlässigkeit.

Der Einführung von elektronischen Steuerungen stehen allerdings folgende Gesichtspunkte entgegen:

- Bei verlustlosen elektronischen Stellgliedern erhöht sich zwangsläufig die Welligkeit der Ausgangsspannung. Eine Begrenzung der Welligkeit auf 1o ... 15 % erscheint nur bei unverhältnismäßig hohem Aufwand möglich.

- Es treten erhöhte Netzrückwirkungen auf, was besonders bei Anlagen höherer Leistungen unerwünscht ist.

- Die Steuerungen erhöhen den Blindleistungsbedarf.

Vor allem wegen der hohen Welligkeit bei Anschnittsteuerung haben sich elektronische Leistungsstellglieder auf diesem Anwendungsgebiet bisher nicht durchsetzen können.

In diesem Bericht wird eine netzgeführte Stromrichterschaltung vorgestellt, die die Nachteile der üblichen netzgeführten Stromrichter ausschließt.

1. Stromrichterschaltungen nach dem Verfahren der Spannungsprofilsteuerung

Die Welligkeit der Ausgangsspannung, d.h. das Verhältnis des Effektivwertes des Wechselanteils $U_{üi}$ zum Gleichwert der Mischgröße $U_{d\alpha}$, hängt von der verwendeten Stromrichterschaltung und deren Arbeitspunkt ab. Wenn die Welligkeit der ungeglätteten Ausgangsspannung für einen Anwendungsfall zu groß ist, können passive Siebglieder zur Glättung nachgeschaltet werden. Die Kosten für die Glättungseinrichtungen bilden besonders bei großen Leistungseinheiten einen erheblichen Teil der Gesamtanlagenkosten.

Bei Anschnittsteuerung zum Zweck der Verstellung des Gleichspannungsmittelwertes nimmt die Welligkeit der ungeglätteten Ausgangsspannung sehr hohe Werte an. Nach dem Stand der Technik kann eine Abhilfe durch eine Erhöhung der Pulszahl geschaffen werden. Dies bedeutet eine Vergrößerung der Zahl steuerbarer Ventile und macht den Einsatz von komplexen Stromrichtertransformatoren zur Erzeugung höherphasiger Spannungssysteme erforderlich.

Eine neuartige Stromrichterschaltung zur Erzeugung einer schnell steuerbaren Gleichspannung geringer Welligkeit arbeitet nach dem Verfahren der Spannungsprofilsteuerung. Der Zeitverlauf der Ausgangsspannung derartiger Stromrichterschaltungen stellt schon bei niedriger Pulszahl eine gute Annäherung an die meist angestrebte reine Gleichspannung dar. Generell kann dieses Verfahren auf alle netzgeführten Stromrichterschaltungen angewendet werden. Die so gebildeten Schaltungsanordnungen bestehen aus Ventilgruppen, die wechselstromseitig an verschiedene Spannungssysteme und gleichstromseitig parallel geschaltet werden. Diese Schaltungen sind dadurch gekennzeichnet, daß im Bereich der Teilaussteuerung mehrere Zwischenbereiche entstehen, in denen die Welligkeit der Ausgangsspannung ähnlich gute Werte hat wie bei Vollausssteuerung. Wegen der geringen Welligkeit können diese Stromrichter unter Verzicht auf Glättungsschaltungen direkt an solche Verbraucher angeschlossen werden, die bei großer Leistungsaufnahme eine elektronisch steuerbare Gleichspannung geringer Welligkeit benötigen.

2. Steuerkennlinien und Welligkeit der Ausgangsspannung von Stromrichterschaltungen nach dem Verfahren der Spannungsprofilsteuerung

2.1 Definition

Nach der ideellen Theorie netzgeführter Stromrichter ist der Aussteuerungsgrad a durch

$$a = \frac{U_{di\alpha}}{U_{di}} \qquad (1)$$

definiert.

Für die Berechnung der Welligkeit der Ausgangsspannung u_d wird folgende Definition gewählt:

$$w = \frac{\text{Effektivwert des Wechselanteils}}{\text{Gleichwert der Mischgröße}} = \frac{U_{üi}}{U_{di\alpha}} \qquad (2)$$

Der Effektivwert des Wechselanteils $U_{üi}$ kann aus dem Effektivwert $U_{di\alpha\,eff}$ und dem Mittelwert $U_{di\alpha}$ der Ausgangsspannung $u_d(t)$ ermittelt werden.

Mit $$U_{üi}^2 = U_{di\alpha\,eff}^2 - U_{di\alpha}^2 \tag{3}$$

folgt dann für die Welligkeit der Ausgangsspannung

$$w = \sqrt{\left(\frac{U_{di\alpha\,eff}}{U_{di\alpha}}\right)^2 - 1} \tag{4}$$

Für den Mittelwert und den Effektivwert der Ausgangsspannung gelten die Beziehungen

$$U_{di\alpha} = \frac{1}{T}\int_0^T u_d(t)dt \tag{5}$$

$$U_{di\alpha\,eff} = \frac{1}{T}\int_0^T u_d^2(t)dt \tag{6}$$

2.2 Vollgesteuerte Drehstrombrückenschaltung nach dem Verfahren der Spannungsprofilsteuerung

2.2.1 Allgemeine Beschreibung der Schaltung

Die in Bild 1 dargestellte Schaltung stellt die gleichstromseitige Parallelschaltung einer symmetrisch gesteuerten und einer ungesteuerten Drehstrombrückenschaltung (B6) dar. Die

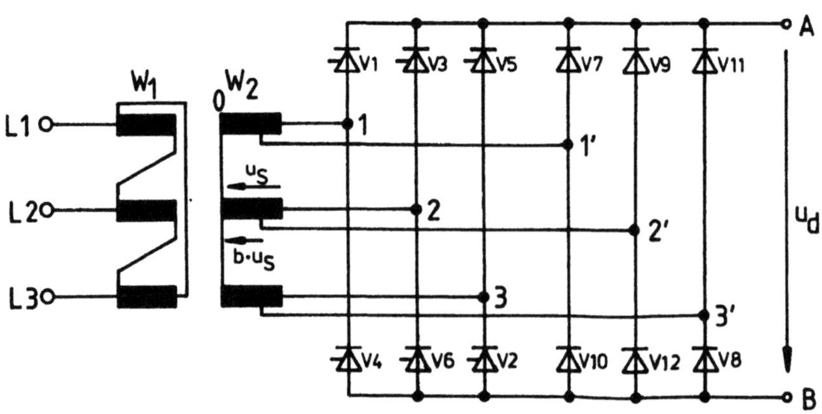

Bild 1: Symmetrisch gesteuerte Drehstrombrückenschaltung nach dem Verfahren der Spannungsprofilsteuerung

Versorgungsspannung der ungesteuerten B6-Schaltung ist um den Faktor b, $0 \leq b \leq 1$, kleiner als die der gesteuerten B6-Schaltung.

2.2.2 Schaltungsanalyse

Allgemein müssen bei einer Stromrichterschaltung mit n Ventilen 2^n Ventilzustandskombinationen zugelassen werden. Analysen ergeben, daß davon nur wenige Kombinationen sinnvoll sind. Bei einer vollgesteuerten B6-Schaltung wären dies $2^6 = 64$ verschiedene Zustände. Unter Berücksichtigung der Kommutierungsvorgänge sind pro Netzperiode nur zwölf verschiedene Ventilzustandkombinationen zu unterscheiden, die sich bei der Darstellung nach der ideellen Theorie auf sechs reduzieren. Im Fall der vollgesteuerten Drehstrombrückenschaltung mit Spannungsprofilsteuerung nach Bild 1 sind bei zwölf Ventilen unter Vernachlässigung der Kommutierungsvorgänge achtzehn Ventilzustandskombinationen möglich.

Für die Schaltungsanalyse wird ideales Verhalten aller Bauelemente vorausgesetzt.

Zur Erläuterung der Schaltung betrachtet man zweckmäßigerweise die Kommutierungsgruppen getrennt. Kommutierungsgruppen sind Ventilgruppen, deren Anoden oder Kathoden verbunden sind. Nur zwischen den Ventilen einer Gruppe ist eine Kommutierung möglich.

Zur Vereinfachung der weiteren Betrachtungen wird nur die Kommutierungsgruppe mit verbundenen Kathoden betrachtet. Für die andere Kommutierungsgruppe gelten ähnliche Überlegungen.

Wird die in Bild 1 enthaltene gesteuerte B6-Schaltung mit einem Steuerwinkel $\alpha = 0^o$ betrieben, so kann die ungesteuerte B6-Schaltung für alle $b < 1$ nicht wirksam werden, da die Ventilspannungen stets kleiner Null sind (Bild 2). Erst wenn in Bild 1 das Potential des Punktes A gegenüber dem sekundärseitigen Sternpunkt kleiner als eine Sternspannung $bu_{S\nu}$ (ν = 1,2 oder 3) wird, kommutiert der Laststrom auf die Diode, die an diese Sternspannung angeschlossen ist. Dazu muß die

Bedingung

$$\alpha > \alpha_G = \beta - \pi/6 \qquad (7)$$

erfüllt sein, wobei β gemäß Bild 2 der Winkel zwischen dem Nulldurchgang einer Sternspannung und dem Zeitpunkt der Stromübernahme des zugehörigen ungesteuerten Ventils ist.

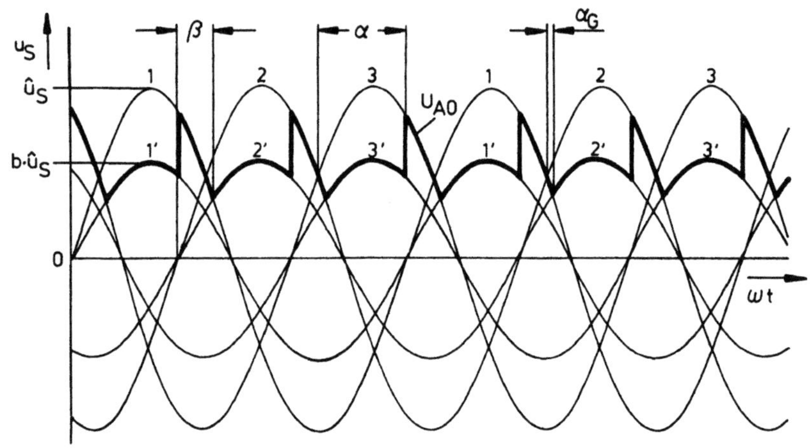

Bild 2: Zeitverläufe der Sternspannungen u_S

Der Winkel β berechnet sich aus

$$b \sin \beta = \sin (\beta + \frac{2\pi}{3}) \qquad (8)$$

zu

$$\beta = \arctan \frac{\sqrt{3}}{2b + 1} \; . \qquad (9)$$

In Bild 3 ist die Abhängigkeit des Grenzwinkels α_G der Kommutierfähigkeit zwischen den beiden Teilbrücken als Funktion des Spannungsverhältnisses b dargestellt.

Liegt der betriebliche Steuerwinkel α oberhalb dieser Grenze, so finden Kommutierungen zwischen gesteuerten und ungesteuerten Ventilen statt. Unterhalb der Grenzkurve verhält sich die Schaltung nach Bild 1 wie eine gesteuerte B6-Schaltung, wobei die ungesteuerten Ventile stromlos bleiben. Für den Grenzfall b = 1 sind die Ventile V1 und V7, V3 und V9 sowie V5 und V11 parallel geschaltet. Die Schaltung arbeitet dann als ungesteuerte B6-Schaltung.

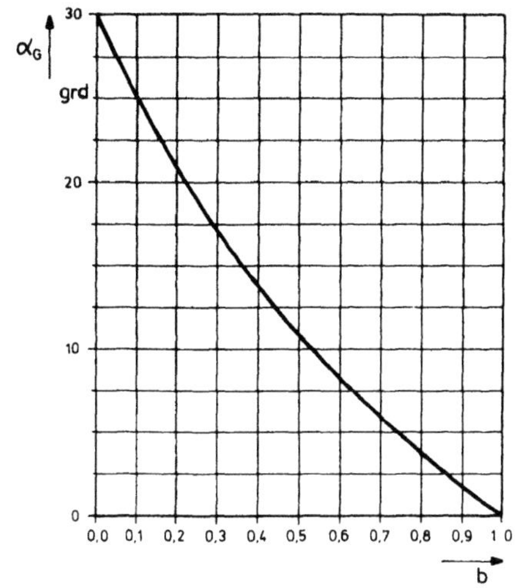

Bild 3: Grenzkurve der Kommutierfähigkeit zwischen den beiden Teilbrücken als Funktion des Spannungsverhältnisses b

2.2.3 Berechnung der Steuerkennlinie und der Welligkeit der Ausgangsspannung

Die Ausgangsspannung $u_d(t)$ des Stromrichters nach Bild 1 berechnet sich aus:

$$u_d = u_{AB} = u_{AO} - u_{BO} \qquad (1o)$$

Die Ventilzustandskombinationen bestimmen die Potentiale an den Punkten A und B gegenüber dem Sternpunkt. Diese können die Werte $u_{S\nu}$ oder $bu_{S\nu}$ annehmen. Da die Ausgangsspannung aus der Potentialdifferenz zwischen den Punkten A und B gebildet wird, können am Ausgang die verketteten Spannungen

$$u_{S\nu} - u_{S\mu}$$

$$b\ u_{S\mu} - u_{S\nu}$$

o d e r $$b\ u_{S\nu} - b\ u_{S\mu}$$

auftreten. Die Zeitfunktionen der Ausgangsspannung wechseln

mehrfach während einer Netzperiode. Die jeweiligen Zeitfunktionen sind vom Steuerwinkel α und dem Spannungsverhältnis b abhängig. Sie sind periodisch mit der Netzfrequenz. Die Berechnung des Aussteuerungsgrades a und der Welligkeit w muß abschnittsweise vorgenommen werden.

Die Grundschwingung der Ausgangsspannung hat im gesamten Aussteuerungsbereich den 6fachen Wert der Netzfrequenz. Es genügt daher, die Integration auf einer Intervallänge von $\pi/3$ der Netzperiode zu beschränken.

Bereich a: $0 \leq \alpha \leq \alpha_G$

Für Steuerwinkel $\alpha < \alpha_G$ sind die Ventilspannungen der Ventile V7 - V12 (ungesteuerte B6-Schaltung) stets kleiner Null. Die Schaltung nach Bild 1 verhält sich wie eine symmetrisch gesteuerte B6-Schaltung. Die Ausgangsspannung u_d wird aus der Differenz der Spannungen $u_\mu - u_\nu$ gebildet. Die Ergebnisse für diesen Arbeitsbereich der Schaltung sind bekannt /7/ und seien der Vollständigkeit halber erwähnt.

Mit

$$U_{di} = \frac{3\sqrt{3}}{\pi} \hat{u}_S \tag{11}$$

gilt

$$a = \cos\alpha \tag{12}$$

und mit

$$\left(\frac{U_{üi}}{\hat{u}}\right)^2 = \frac{3}{2} \left(1 - \frac{\sin^2\pi/6}{(\pi/6)^2} + \left(\frac{\sin\pi/3}{\pi/3}\right) - \frac{\sin^2\pi/6}{(\pi/6)^2}\right)\cos 2\alpha \tag{13}$$

folgt

$$w = \frac{\pi}{3\ 2} \frac{\sqrt{1 - \frac{\sin^2\pi/6}{(\pi/6)^2}) + \left(\frac{\sin\pi/3}{\pi/3} - \frac{\sin^2\pi/6}{(\pi/6)^2}\right)\cos 2\alpha}}{\cos\alpha}. \tag{14}$$

In Bild 4 sind die Spannungen u_{AO} und u_{BO} sowie die Potentialdifferenz $u_{AB} = u_d$ als schraffierte Fläche für verschiedene Steuerwinkel dargestellt. Bild 5 zeigt den aus Bild 4 resultierenden Zeitverlauf der Ausgangsspannung u_d.

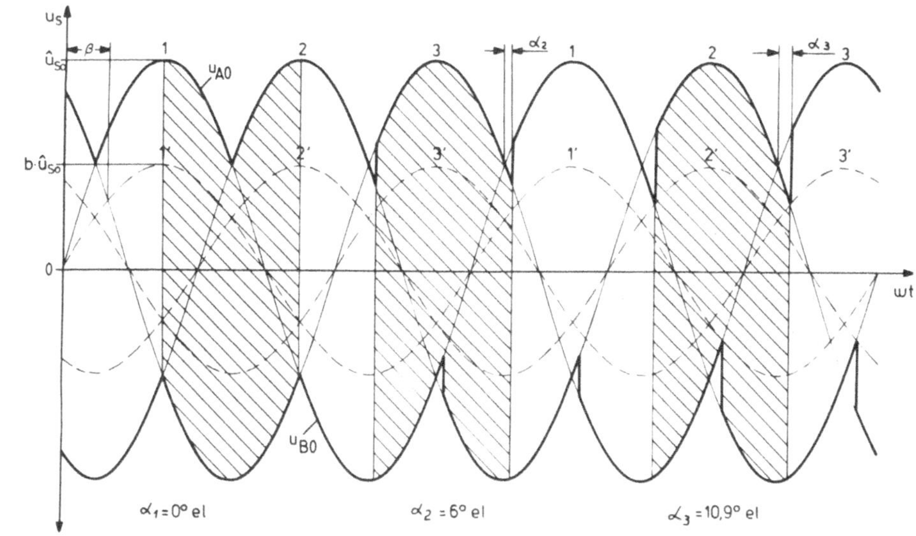

Bild 4: Zeitverläufe der Teilspannungen u_{AO} und u_{BO} für verschiedene Werte des Steuerwinkels α im Bereich a mit b = o,5

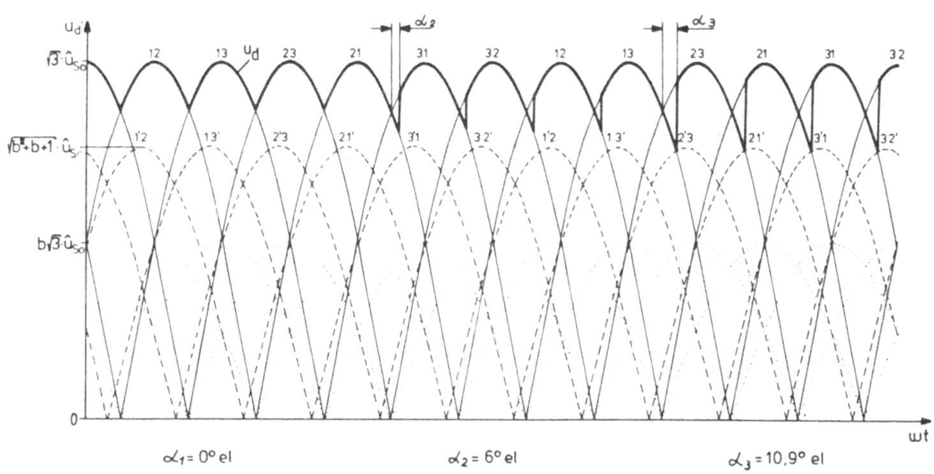

Bild 5: Zeitverlauf der Ausgangsspannung u_d für verschiedene Werte des Steuerwinkels α im Bereich a mit b = o,5

Bereich b: $\alpha_G \leq \alpha \leq \alpha_G + \pi/3$

Der Steuerwinkel α ist nun größer als der Grenzwinkel α_G. Es finden wechselweise Kommutierungen zwischen beiden Brücken statt. Neben einer verketteten Spannung $u_{S\nu} - u_{S\mu}$ tritt eine weitere, $bu_{S\nu} - u_{S\mu}$, auf.

Aus

$$\frac{U_{di\alpha}}{\hat{u}} = \frac{3}{\pi}\left[\int_{\alpha_G+\pi/6}^{\alpha+\pi/6}(b\ \sin x - \sin(x-2\pi/3))dx + \int_{\alpha+\pi/6}^{\alpha_G+\pi/2}(\sin x - \sin(x-2\pi/3))dx\right] \tag{15}$$

folgt:

$$a = \frac{1}{\sqrt{3}}\left[(1-b)\ \cos(\alpha+\pi/6) + \sqrt{(b+1/2)^2 + 3/4}\right] \tag{16}$$

$$\left(\frac{U_{di\alpha\ eff}}{\hat{u}}\right)^2 = \frac{3}{\pi}\left[\int_{\alpha_G+\pi/6}^{\alpha+\pi/6}(b\ \sin x - \sin(x-2\pi/3))^2 dx + \int_{\alpha+\pi/6}^{\alpha_G+\pi/2}(\sin x - \sin(x-2\pi/3))^2 dx\right] \tag{17}$$

und aus

$$w = \sqrt{\frac{\frac{\pi}{6}\left((\alpha_G-\alpha+\pi/6)(2-b-b^2) + \pi/6(4+b+b^2) + 1/2\sqrt{7-10b+2b^3+b^4}\ \sin\left(2\alpha+\pi+\arctan\frac{\sqrt{3}(3-2b-b^2)}{-1+2b-b^2}\right) + 1/2\sqrt{b^4+2b^3+9b^2+8b+7}\ \sin\left(2\alpha_G+\pi/3+\arctan\frac{\sqrt{3}(b+1/2)}{b^2+b+5/2}\right)\right)}{\left((1-b)\ \cos(\alpha+\pi/6) + \sqrt{(b+1/2)^2 + 3/4}\right)^2} - 1} \tag{18}$$

In Bild 6 und Bild 7 sind die für diesen Bereich gültigen Zeitverläufe der Spannungen u_{AO}, u_{BO} und u_d dargestellt.

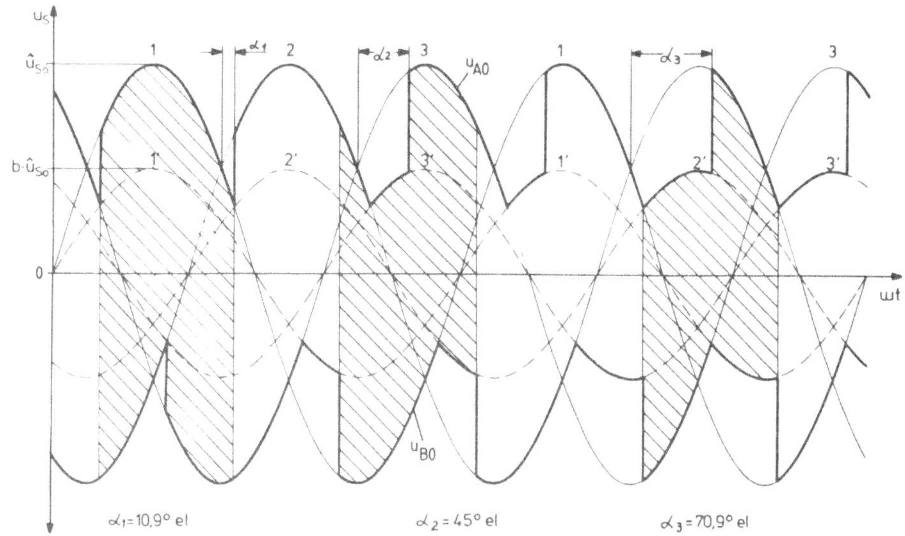

Bild 6: Zeitverläufe der Teilspannungen u_{AO} und u_{BO} für verschiedene Werte des Steuerwinkels α im Bereich b mit b = o,5

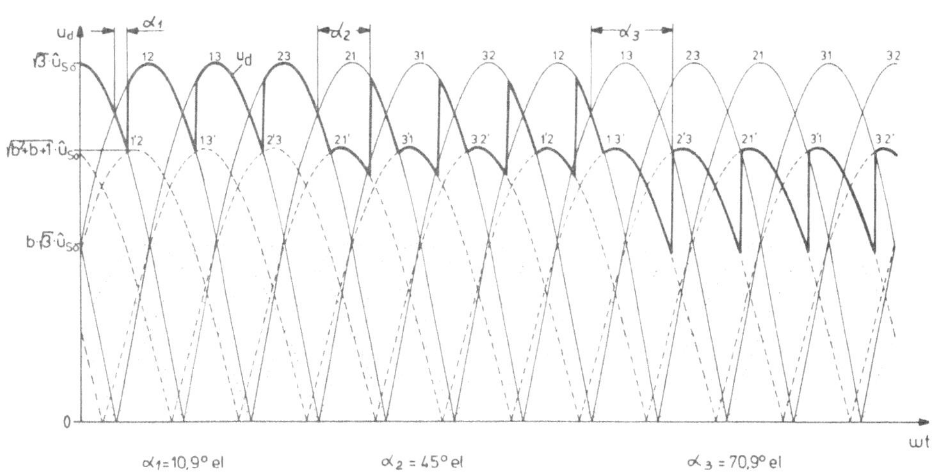

Bild 7: Zeitverlauf der Ausgangsspannung u_d für verschiedene Werte des Steuerwinkels α im Bereich b mit b = o,5

Bereich c: $\alpha_G + \pi/3 \leq \alpha \leq 2\pi/3$

Die Ausgangsspannung u_d wird aus den verketteten Spannungen $b\ u_{S\mu} - u_{S\nu}$ und $b(U_{S\mu} - U_{S\nu})$ gebildet. Zwischen der gesteuerten und der ungesteuerten B6-Schaltung finden wechselweise Kommutierungen statt.

$$\frac{U_{di\alpha}}{\hat{u}} = \frac{3}{\pi}\Bigg[b \int_{\alpha_G+\pi/6}^{\alpha-\pi/6} (\sin x - \sin(x-2\pi/3))dx + \int_{\alpha-\pi/6}^{\alpha_G+\pi/2} (b \sin x - \sin(x-2\pi/3))dx\Bigg] \tag{19}$$

folgt für die Steuerkennlinie (16).

Mit

$$\left(\frac{U_{di\alpha\ eff}}{\hat{u}}\right)^2 = \frac{3}{\pi}\Bigg[b^2 \int_{\alpha_G+\pi/6}^{\alpha-\pi/6} (\sin x - \sin(x-2\pi/3))^2 dx + \int_{\alpha+\pi/6}^{\alpha_G+\pi/2} (b \sin x - \sin(x-2\pi/3))^2 dx\Bigg] \tag{2o}$$

bekommt man:

$$w = \sqrt{\frac{\pi/6((\alpha_G-\alpha+\pi/6)(-2b^2+b+1) + \pi/2(b+1) + \frac{1}{2}\sqrt{7b^4+8b^3+9b^2}\,\sin(2\alpha_G+\pi/3+\arctan\frac{\sqrt{3}(b^2+1/2)}{2(b^2+b+1/4)}) + \frac{1}{8}\sqrt{7b^4-1ob^3+2b+1}\,\sin(2\alpha+\arctan\frac{\sqrt{3}(1-b^2)}{4(-5/4b^2+b+1/4)}))/}{((1-b)\cos(\alpha+\pi/6) + \sqrt{(b+1/2)^2+3/4})^2} - 1} \tag{21}$$

Dargestellt sind die Zeitverläufe der Spannungen u_{AO}, u_{BO} und u_d in Bild 8 und Bild 9.

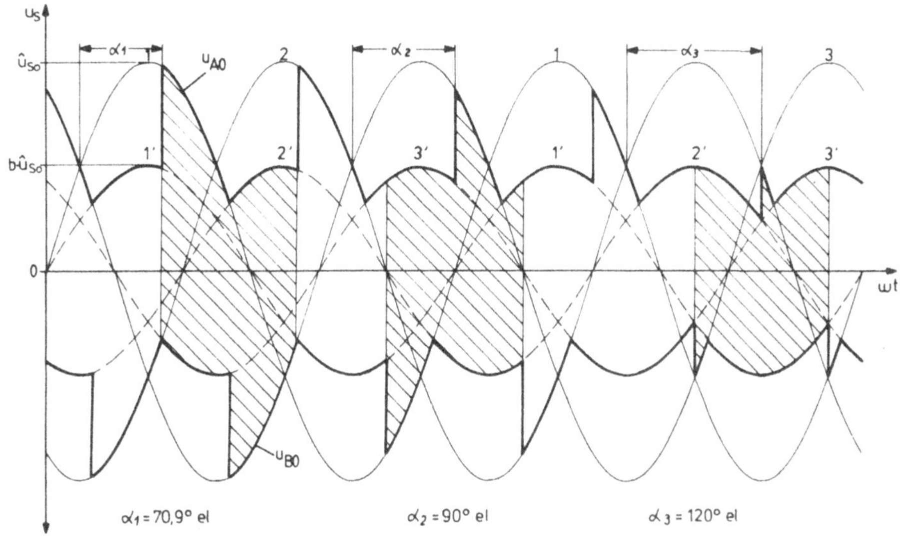

Bild 8: Zeitverläufe der Teilspannungen u_{AO} und u_{BO} für verschiedene Werte des Steuerwinkels α im Bereich c mit b = o,5

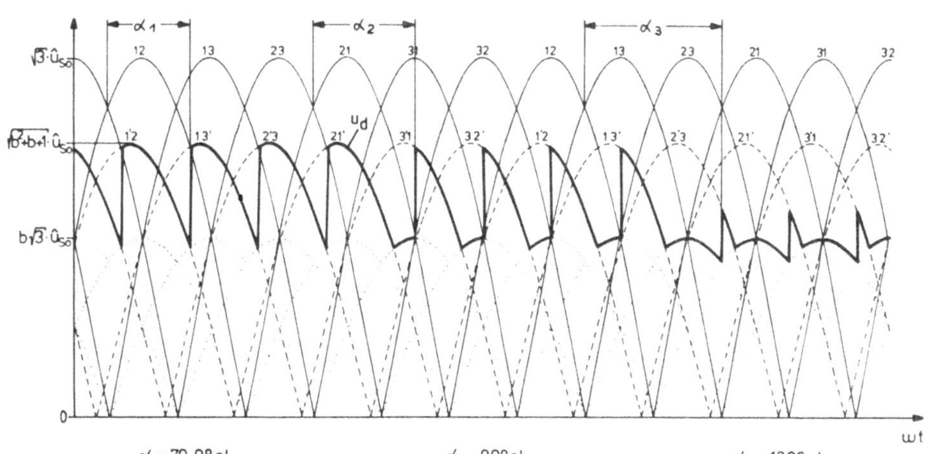

Bild 9: Zeitverlauf der Ausgangsspannung u_d für verschiedene Werte des Steuerwinkels α im Bereich c mit b = o,5

Bereich d: $2\pi/3 \leq \alpha \leq \alpha_G+2\pi/3$

Da der Steuerwinkel α größer als $2\pi/3$ ist, finden auch Kommutierungen zwischen Ventilen der ungesteuerten B6-Schaltung statt. Die Ausgangsspannung u_d wird aus den Spannungen $bu_{S\mu} - u_{S\nu}$ und $b(u_{S\mu} - u_{S\nu})$ gebildet.
Wird der Zündwinkel α größer als $\alpha_G+2\pi/3$, so sind die Ventilspannungen der gesteuerten DB-Brückenschaltung stets kleiner Null, d.h. die Schaltung nach Bild 1 verhält sich nun wie eine ungesteuerte DB-Schaltung. Der Ausgangsspannungsmittelwert beträgt bU_{di}.

Mit

$$\frac{U_{di\alpha}}{\hat{u}} = \frac{3}{\pi}\Bigg[b\int_{\alpha_G+\pi/6}^{\pi/2}(\sin x - \sin(x-2\pi/3))dx + \\ + b\int_{\pi/2}^{\alpha-\pi/6}(\sin x - \sin(x+2\pi/3))dx + \\ + \int_{\alpha-\pi/6}^{\alpha_G+\pi/2}(b\sin x - \sin(x-2\pi/3))dx\Bigg] \tag{22}$$

folgt für den Aussteuerungsgrad

$$a = \frac{1}{\sqrt{3}}\left[\sqrt{3}b + \sqrt{(b+1/2)^2 + 3/4}\,(1+\cos(\alpha+\arctan\frac{2b+1}{\sqrt{3}}))\right] \tag{23}$$

Aus

$$\left(\frac{U_{di\alpha\,eff}}{\hat{u}}\right)^2 = \frac{3}{\pi}\Bigg[\, b^2 \int_{\alpha_G+\pi/6}^{\pi/2} (\sin x - \sin(x-2\pi/3))^2 dx +$$

$$+\, b^2 \int_{\pi/2}^{\alpha-\pi/6} (\sin x - \sin(x+2\pi/3))^2 dx +$$

$$+ \int_{\alpha-\pi/6}^{\alpha_G+\pi/2} (b \sin x - \sin(x-2\pi/3))^2 dx \Bigg] \qquad (24)$$

erhält man für die Welligkeit

$$w = \sqrt{\frac{\pi}{6}\,(b^2+\frac{3\sqrt{3}}{2} + (2\pi/3+\alpha_G-\alpha)(b+1) + 2b^2(\alpha-\alpha_G-\pi/6) + \frac{+\,1/2\sqrt{7b^4+8b^3+9b^2+2b+1}\,\left(\sin\left(2\alpha_G+\pi/3+\arctan\frac{\sqrt{3}(b^2+1/2)}{2(b^2+b+1/4)}\right) + \sin\left(2\alpha+\arctan\frac{3(b^2+1/2)}{2(b^2+b+1/4)}\right)\right))}{\left(b\sqrt{3} + \sqrt{(b+1/2)^2 + 3/4}\,(1+\cos(\alpha+\arctan\frac{2b+1}{\sqrt{3}}))\right)^2}} - 1 \qquad (25)$$

Für diesen Bereich sind die Spannungen u_{AO}, u_{BO}, und u_d in Bild 11 und Bild 12 dargestellt.

Der Ausgangsspannungsmittelwert läßt sich somit im Bereich

$$b\, U_{di} \leq U_{di\alpha} \leq U_{di}$$

stellen.

Für ein Spannungsverhältnis b = O wird aus der Schaltung nach Bild 1 der Sonderfall einer Schaltung mit dreiphasig wirkenden Freilaufdioden (Bild 1o). Eine eingehende Analyse dieser Schaltung findet man in /4/.

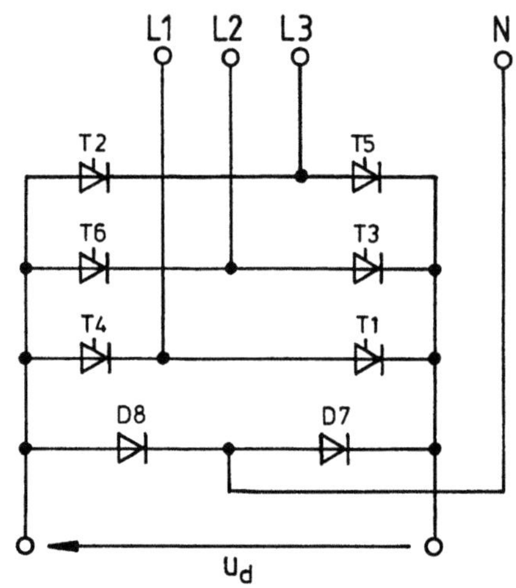

Bild 1o: Drehstrombrückenschaltung mit dreiphasig wirkenden Freilaufdioden

Bei einer Drehstrombrückenschaltung liegen stets zwei Ventile in Reihe mit der Last. Bei kleinen Ausgangsspannungen und großen Lastströmen haben die Ventilverluste einen erheblichen Einfluß auf den Wirkungsgrad der Schaltung. Es besteht jedoch die Möglichkeit, eine Doppelsternschaltung mit Saugdrossel (DSS) und Spannungsprofilsteuerung einzusetzen. Sie liefert den gleichen Zeitverlauf der Ausgangsspannung wie die Schaltung nach Bild 1. Dabei hat sie den Vorteil, daß die Ventile nur vom halben Laststrom durchflossen werden. Als Nachteil ist zu werten, daß mit der Saugdrossel ein weiteres Bauelement benötigt wird.

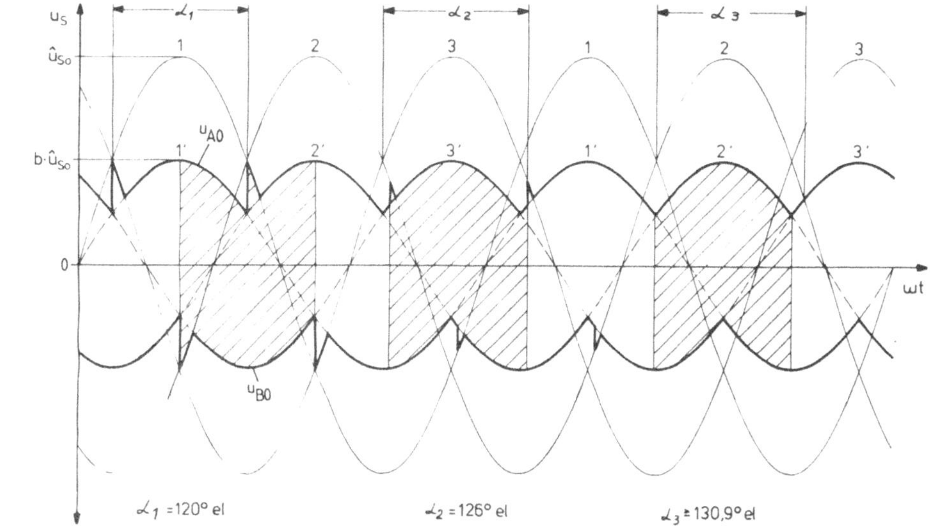

Bild 11: Zeitverläufe der Teilspannungen u_{AO} und u_{BO} für verschiedene Werte des Steuerwinkels α im Bereich d mit b = o,5

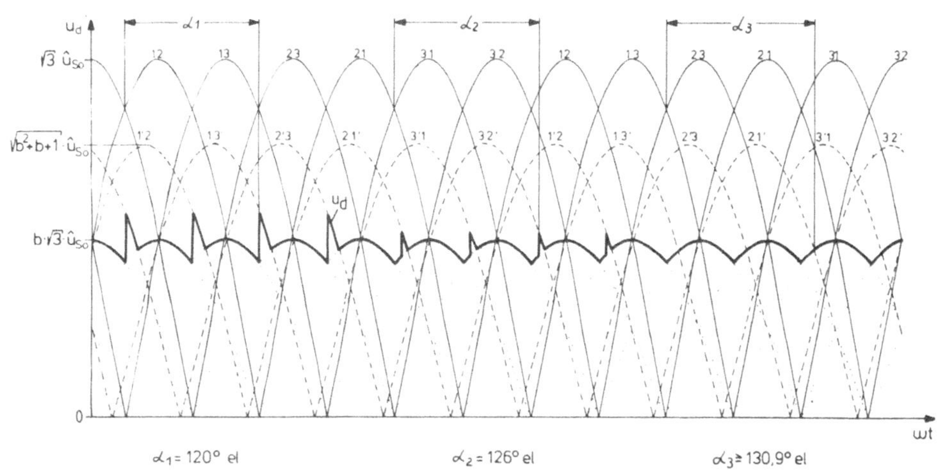

Bild 12: Zeitverlauf der Ausgangsspannung u_d für verschiedene Werte des Steuerwinkels α im Bereich d mit b = o,5

2.3 Halbgesteuerte Drehstrombrückenschaltung

Die Ergebnisse dieses Abschnitts können auch auf die Schaltung nach Bild 1 angewendet werden, wenn diese unsymmetrisch gesteuert wird.

2.3.1 Allgemeine Beschreibung der Schaltung

Bei der in Bild 13 dargestellten Schaltung einer halbgesteuerten Drehstrombrückenschaltung nach dem Verfahren der Spannungsprofilsteuerung reduziert sich die Zahl der steuerbaren Ventile um die Hälfte.

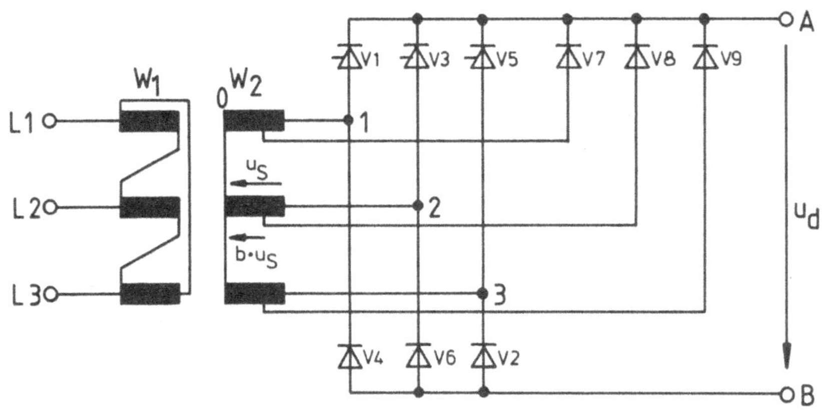

Bild 13: Halbgesteuerte Drehstrombrückenschaltung für Spannungsprofilsteuerung

2.3.2 Schaltungsanalyse

Wenn die Spannungsdifferenz u_{AO} kleiner als die Strangspannung b $u_{S\nu}$ wird, übernimmt das entsprechende ungesteuerte Ventil den Laststrom. Dieses ist dann der Fall, wenn der Steuerwinkel α die Bedingung (7) erfüllt. Der Zeitverlauf der Teilspannung u_{BO} entspricht dem einer ungesteuerten Mittelpunktschaltung mit der Pulszahl p = 3.

2.3.3 Berechnung der Steuerkennlinie und der Welligkeit der Ausgangsspannung

Die Grundschwingung der Ausgangsspannung hat bei dieser Schaltung nur den dreifachen Wert der Netzfrequenz. Die Integrationen müssen über eine Intervallänge von $2\pi/3$ durchgeführt werden. Die in diesem Intervall zu integrierenden Zeitfunktionen sind vom Steuerwinkel α und der Größe des Spannungsverhältnisses b abhängig. Eine geschlossene Lösung für den gesamten Aussteuerungsbereich ist daher nicht möglich. Es müssen vier Bereiche unterschieden werden.

Bereich a: $0 \leq \alpha \leq \alpha_G$

Die Ventile V7 - V9 sind stets in Sperrichtung beansprucht und können somit nicht leiten. Die Schaltung verhält sich wie eine halbgesteuerte B6-Schaltung.

Aus

$$\frac{U_{di\alpha}}{\hat{u}} = \frac{3}{2\pi}\left[\int_{\alpha+\pi/6}^{\alpha+5\pi/6} \sin x \, dx - \int_{\alpha+\pi/6}^{\pi/2} \sin(x-2\pi/3)\,dx - \int_{\pi/2}^{\alpha+5\pi/6} \sin(x+2\pi/3)\,dx\right] \tag{26}$$

folgt

$$a = \frac{1}{2}\,(1 + \cos\alpha). \tag{27}$$

Die beiden letzten Integrale von (26) bilden denjenigen Beitrag zum Gleichspannungsmittelwert, der durch die Kommutierungsgruppe mit verbundenen Anoden geliefert wird. Dieser ist unabhängig vom Steuerwinkel α und beträgt

$$U_{BO} = -\frac{1}{2}\,U_{di} \tag{28}$$

Für den Effektivwert der Ausgangsspannung gilt

$$\left(\frac{U_{di\alpha\ eff}}{\hat{u}}\right)^2 = \frac{3}{2\pi}\left[\int_{\alpha+\pi/6}^{\pi/2} (\sin x - \sin(x-2\pi/3))^2 dx + \right.$$

$$+ \int_{\pi/2}^{\alpha+5\pi/6} (\sin x - \sin(x+2\pi/3))^2 dx \Big] \qquad (29)$$

Aus (27) und (29) erhält man für die Welligkeit das Ergebnis

$$w = \sqrt{\frac{2\pi^2}{9} \; \frac{1 + \frac{3\sqrt{3}}{4\pi}(1+\cos 2\alpha)}{(1+\cos\alpha)^2} - 1} \, . \qquad (3o)$$

Die Spannungszeitverläufe von u_{AO}, u_{BO} und u_d sind in Bild 14 und Bild 15 für verschiedene Werte des Steuerwinkels α dargestellt.

<u>Bereich b: $\alpha_G \leq \alpha \leq \pi/3$</u>

Aus

$$\frac{U_{di\alpha}}{\hat{u}} = \frac{3}{2\pi}\Big[\int_{\alpha_G+\pi/6}^{\alpha+\pi/6} b \sin x \, dx + \int_{\alpha+\pi/6}^{\alpha_G+5\pi/3} \sin x \, dx + \sqrt{3} \Big] \qquad (31)$$

folgt

$$a = \frac{1}{2\sqrt{3}} \Big[\sqrt{3} + (1-b) \cos(\alpha+\pi/6) + \sqrt{(b+1/2)^2+3/4} \Big] \, . \qquad (32)$$

Der Effektivwert der Ausgangsspannung kann nach

$$\left(\frac{U_{di\alpha\, eff}}{\hat{u}}\right)^2 = \frac{3}{2\pi} \Big[\int_{\alpha_G+\pi/6}^{\alpha+\pi/6} (b \sin x - \sin(x-2\pi/3))^2 dx +$$

$$+ \int_{\alpha+\pi/6}^{\pi/2} (\sin x - \sin(x-2\pi/3))^2 dx +$$

$$+ \int_{\pi/2}^{\alpha_G+5\pi/3} (\sin x - \sin(x+2\pi/3))^2 dx \Big] \qquad (33)$$

berechnet werden.

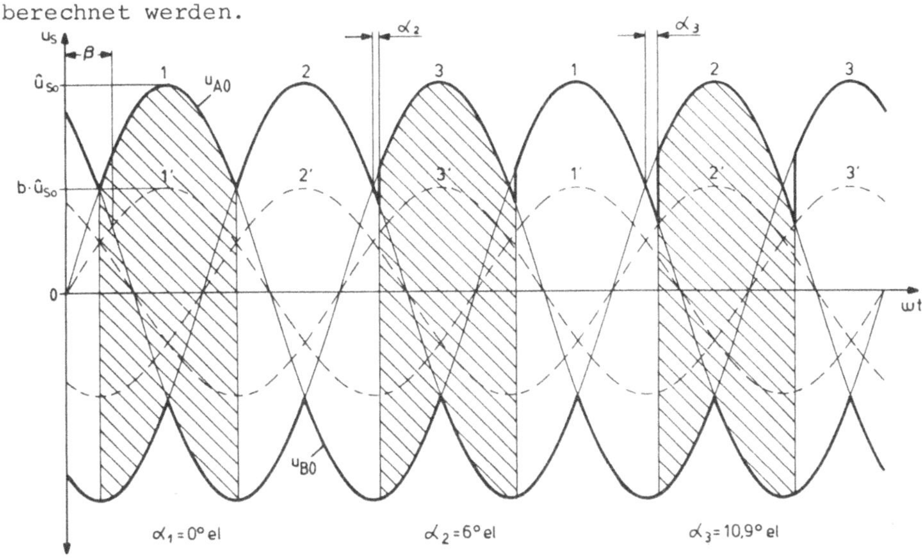

Bild 14: Zeitverläufe der Teilspannungen u_{AO} und u_{BO} für verschiedene Werte des Steuerwinkels α im Bereich a mit b = o,5

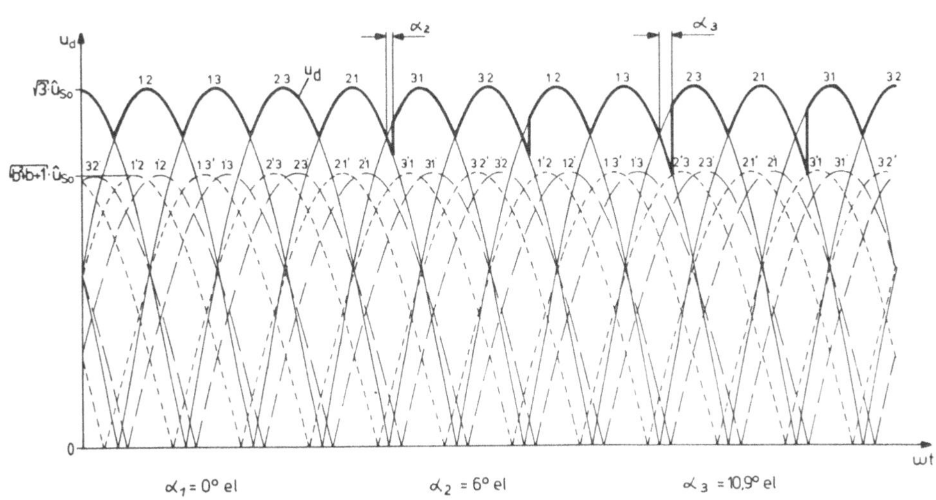

Bild 15: Zeitverlauf der Ausgangsspannung u_d für verschiedene Werte des Steuerwinkels α im Bereich a mit b = o,5

Setzt man (32) und (33) in (4) ein, so kann man die Welligkeit der Ausgangsspannung zu

$$w = \sqrt{\frac{\frac{\pi}{3}\left((\alpha-\alpha_G-\pi/6)(b^2+b-2)+\pi/6(b^2+b+10)+\frac{3\sqrt{3}}{2}+1/2\sqrt{b^4+2b^3+9b^2+8b+7}\,\sin\left(2\alpha_G+\pi/3+\arctan\frac{\sqrt{3}(2b+1)}{2b^2+2b+5}\right)+1/2\sqrt{b^4+2b^3-10b+7}\,\sin\left(2\alpha+\pi+\arctan\frac{\sqrt{3}(-b^2-2b+3)}{-b^2+2b-1}\right)\right)}{\left(\sqrt{3}+(1-b)\cos(\alpha+\pi/6)+\sqrt{(b+1/2)^2+3/4}\right)^2}-1} \qquad (34)$$

berechnen.

Die Spannungszeitverläufe von u_{AO}, u_{BO} und u_d sind in Bild 16 und Bild 17 für verschiedene Werte des Steuerwinkels α dargestellt.

Bereich c: $\pi/3 \leq \alpha \leq 2\pi/3$

Aus

$$\frac{U_{di\alpha}}{\hat{u}} = \frac{3}{2\pi}\left[\int_{\alpha_G+\pi/6}^{\alpha+\pi/6} b \sin x \, dx + \int_{\alpha+\pi/6}^{\alpha_G+5\pi/3} \sin x \, dx + \sqrt{3}\right] \qquad (35)$$

folgt das gleiche Ergebnis wie im Bereich b:

$$a = \frac{1}{2\sqrt{3}}\left[\sqrt{3}+(1-b)\cos(\alpha+\pi/6)+\sqrt{(b+1/2)^2+3/4}\right] \qquad (36)$$

Der Effektivwert der Ausgangsspannung kann aus

$$\left(\frac{U_{di\alpha\,eff}}{\hat{u}}\right)^2 = \frac{3}{2\pi}\left[\int_{\alpha_G+\pi/6}^{\pi/2} (b \sin x - \sin(x-2\pi/3))^2 dx + \right.$$

$$+ \int_{\pi/2}^{\alpha+\pi/6} (b \sin x - \sin(x+2\pi/3))^2 dx +$$

$$+ \int_{\alpha+\pi/6}^{\alpha_G+5\pi/3} (\sin x - \sin(x+2\pi/3))^2 dx \Big] \qquad (37)$$

berechnet werden.

Für die Welligkeit bekommt man ein ähnliches Ergebnis wie im Bereich b.

Es gilt:

$$w = \sqrt{\frac{\frac{\pi}{3}\Big((\alpha-\alpha_G-\pi/6)(b^2+b-2) + \pi/6(b^2+b+1o) + \sqrt{3}/2(2b+1) + 1/2\sqrt{b^4+2b^3+9b^2+8b+7}\,\sin(2\alpha_G+\pi/3+\arctan\frac{\sqrt{3}(2b+1)}{2b^2+2b+5}) + 1/2\sqrt{b^4+2b^3-1ob+7}\,\sin(2\alpha+\arctan\frac{\sqrt{3}(-b^2+1)}{-b^2-4b+5})\Big)}{(\sqrt{3}+(1-b)\cos(\alpha+\pi/6) + \sqrt{(b+1/2)^2+3/4})^2} - 1} \qquad (38)$$

Die Darstellung der Spannungszeitverläufe von u_{AO}, u_{BO} und u_d sind in Bild 18 und Bild 19 für verschiedene Werte des Steuerwinkels α wiedergegeben.

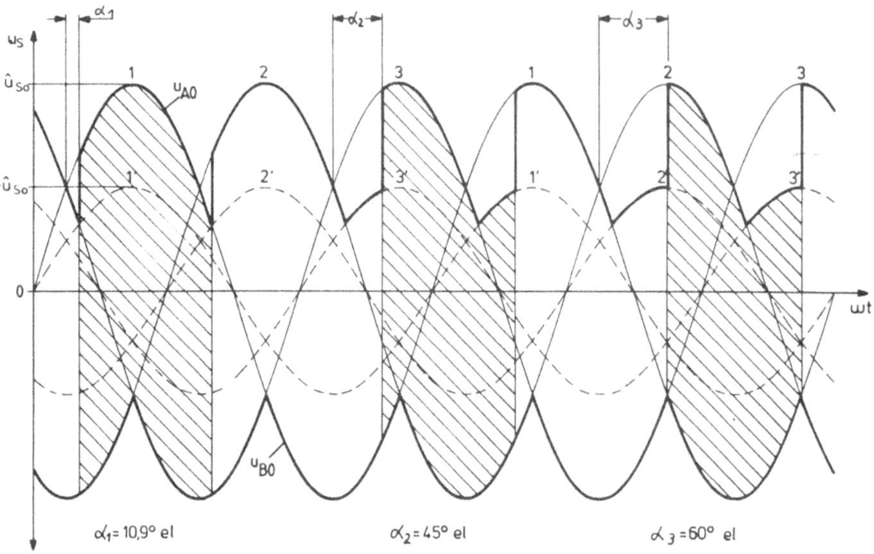

Bild 16: Zeitverläufe der Teilspannungen u_{AO} und u_{BO} für verschiedene Werte des Steuerwinkels α im Bereich b mit b = o,5

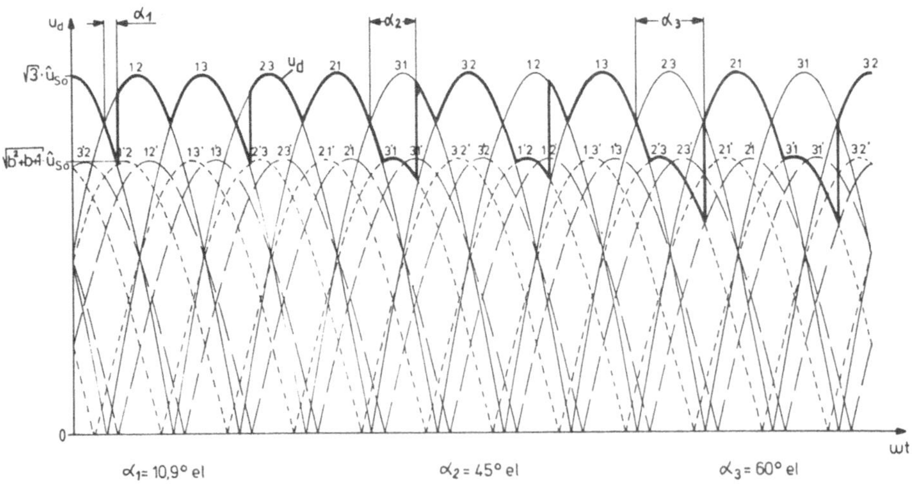

Bild 17: Zeitverlauf der Ausgangsspannung u_d für verschiedene Werte des Steuerwinkels α im Bereich b mit b = o,5

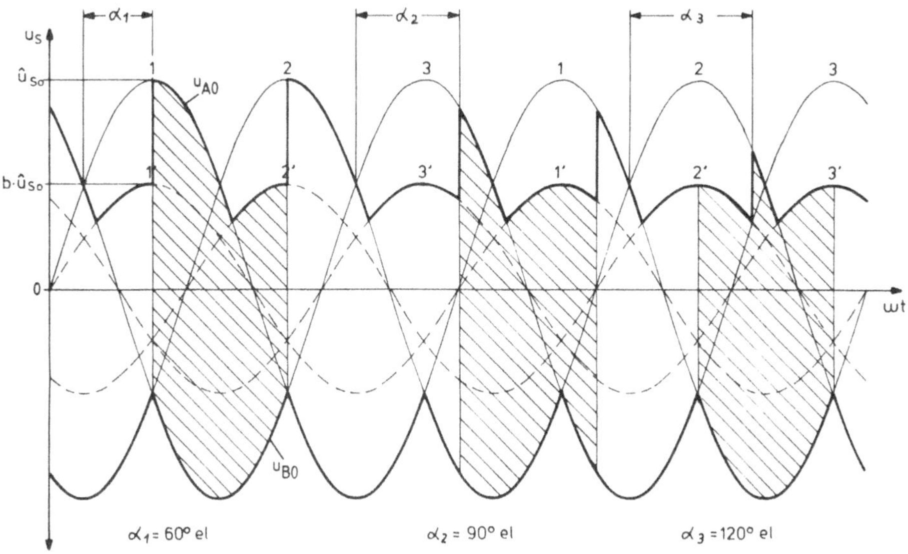

Bild 18: Zeitverläufe der Spannungen u_{AO} und u_{BO} für verschiedene Werte des Steuerwinkels α im Bereich c mit b = o,5

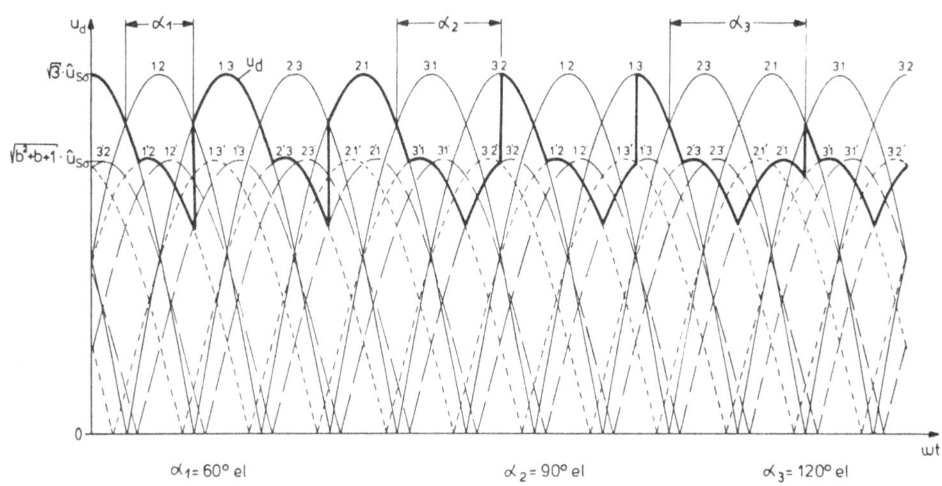

Bild 19: Zeitverlauf der Spannung u_d für verschiedene Werte des Steuerwinkels α im Bereich c mit b = o,5

Bereich d: $2\pi/3 \leq \alpha \leq \alpha_G + 2\pi/3$

Wie aus Bild 2o entnommen werden kann, ist innerhalb des Zeitintervalls, das dem Winkel α_G entspricht, ein Rückkommutieren auf ein bereits erloschenes Ventil der Gruppe V7 - V9 möglich.

Aus

$$\frac{U_{di\alpha}}{\hat{u}} = \frac{3}{2\pi}\left[b\int_{\alpha_G+\pi/6}^{5\pi/6} \sin x dx + b\int_{5\pi/6}^{\alpha+\pi/6} \sin(x-2\pi/3) dx + \int_{\alpha+\pi/6}^{\alpha_G+5\pi/6} \sin x dx + \sqrt{3}\right] \quad (38)$$

folgt für den Aussteuerungsgrad a

$$a = \frac{1}{2\sqrt{3}}\left[(b+1)\sqrt{3} + \sqrt{b^2+b+1}\,\left(1+\cos\left(\alpha+\arctan\frac{2b+1}{\sqrt{3}}\right)\right)\right]. \quad (39)$$

Der Effektivwert der Ausgangsspannung kann aus

$$\left(\frac{U_{di\alpha\, eff}}{\hat{u}}\right)^2 = \frac{3}{2\pi}\left[\int_{\alpha_G+\pi/6}^{\pi/2} (b \sin x - \sin(x-2\pi/3))^2 dx + \int_{\pi/2}^{5\pi/6} (b \sin x - \sin(x+2\pi/3))^2 dx + \int_{5\pi/6}^{\alpha+\pi/6} (b \sin(x-2\pi/3) - \sin(x+2\pi/3))^2 dx\right] \quad (4o)$$

berechnet werden.

Schließlich erhält man im letzten der vier Bereiche für die Welligkeit der Ausgangsspannung folgendes Ergebnis:

$$w = \sqrt{\frac{\frac{\pi}{3}\left((\alpha-\alpha_G-\pi/6)(b^2+b-2) + \pi/6(b^2+b+10) + \sqrt{3}/2(b^2+2b+1) + 1/2\sqrt{b^4+2b^3+9b^2+8b+7}\left(\sin\left(2\alpha+\arctan\frac{\sqrt{3}(2b+1)}{2b^2+2b+5}\right) + \sin\left(2\alpha_G+\pi/3+\arctan\frac{\sqrt{3}(2b+1)}{2b^2+2b+5}\right)\right)\right)}{\left((b+1)\sqrt{3}+\sqrt{b^2+b+1}\left(1+\cos\left(\alpha+\arctan\frac{2b+1}{\sqrt{3}}\right)\right)\right)^2} - 1} \qquad (41)$$

Die Zeitverläufe der Spannungen u_{AO}, u_{BO} und u_d sind in Bild 20 und Bild 21 für verschiedene Werte des Steuerwinkels α dargestellt.

Das Verhalten einer nach dem Verfahren der Spannungsprofilsteuerung halbgesteuerten Drehstrombrückenschaltung in vier durch den Wert des Steuerwinkels α festgelegten Teilbereichen wird durch die vorstehenden Berechnungsergebnisse beschrieben. Über alle Teilbereiche läßt sich der Mittelwert der Ausgangsspannung im Bereich

$$\frac{U_{di}}{2}(1+b) \leq U_{di\alpha} \leq U_{di}$$

verstellen. Dabei verändert sich der Steuerwinkel in den Grenzen

$$\alpha_G+2\pi/3 \geq \alpha \geq 0.$$

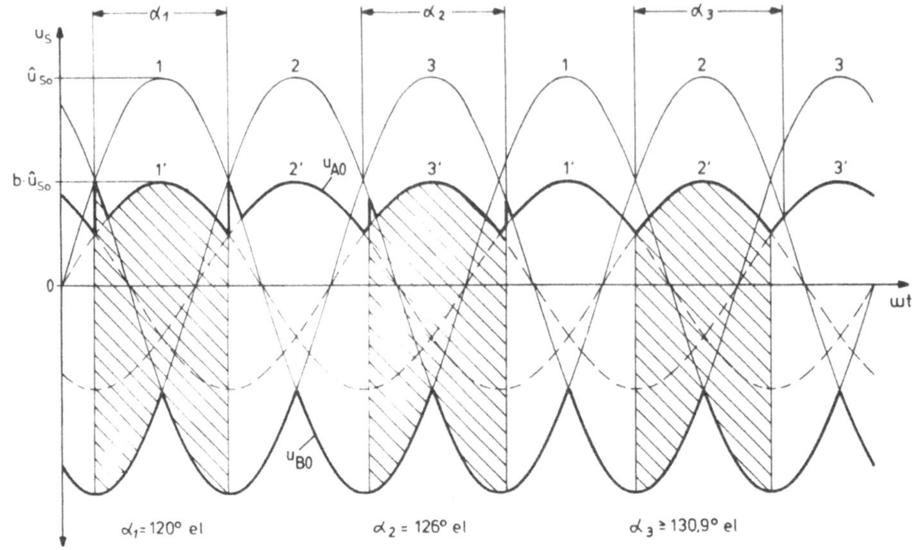

Bild 2o: Zeitverläufe der Spannungen u_{AO} und u_{BO} für verschiedene Werte des Steuerwinkels α im Bereich d mit b = o,5

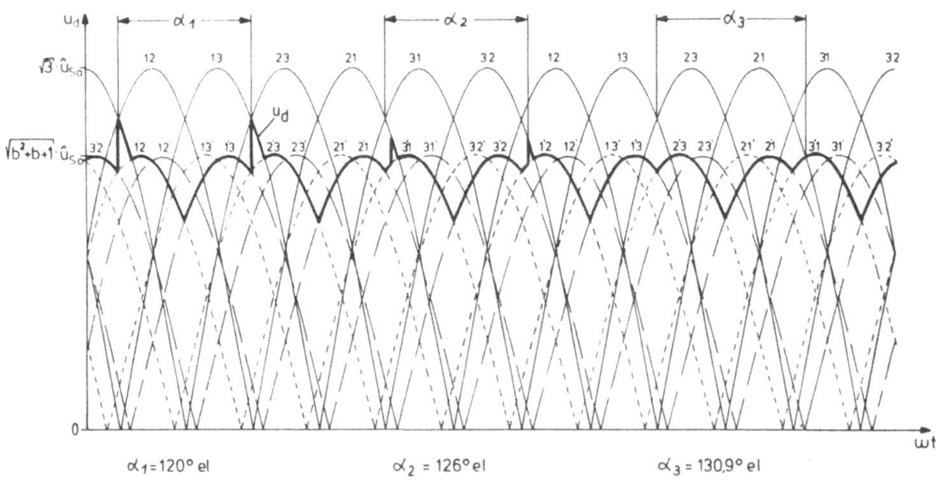

Bild 21: Zeitverlauf der Spannung u_d für verschiedene Werte des Steuerwinkels α im Bereich d mit b = o,5

Bei unsymmetrischer Steuerung einer vollgesteuerten Drehstrombrückenschaltung erfolgt die Steuerung des Ausgangsspannungsmittelwertes in den Bereichen:

$$U_{di} \geq U_{di\alpha} \geq \frac{U_{di}}{2}(1+b) \text{ für } 0 \leq \alpha_1 \leq \alpha_G + 2\pi/3 \text{ und } \alpha_2 = 0$$

$$\frac{U_{di}}{2}(1+b) \geq U_{di\alpha} \geq b\, U_{di} \text{ für } \alpha_1 \geq \alpha_G + 2\pi/3$$

und $0 \leq \alpha_2 \leq \alpha_G + 2\pi/3$

2.4 Darstellung der Ergebnisse

2.4.1 Steuerkennlinien

Nachstehend sind die Steuerkennlinien der nach dem Verfahren der Spannungsprofilsteuerung vollgesteuerten (Bild 22) und der ebenso halbgesteuerten B6-Schaltung (Bild 23) dargestellt.

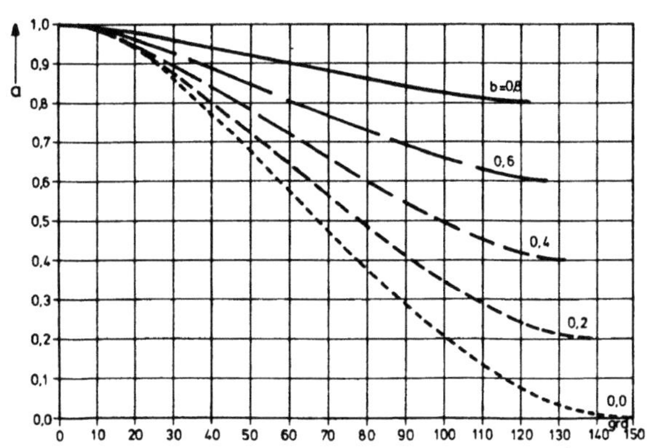

Bild 22: Steuerkennlinie einer nach dem Verfahren der Spannungsprofilsteuerung vollgesteuerten B6-Schaltung. Parameter: Spannungsverhältnis b

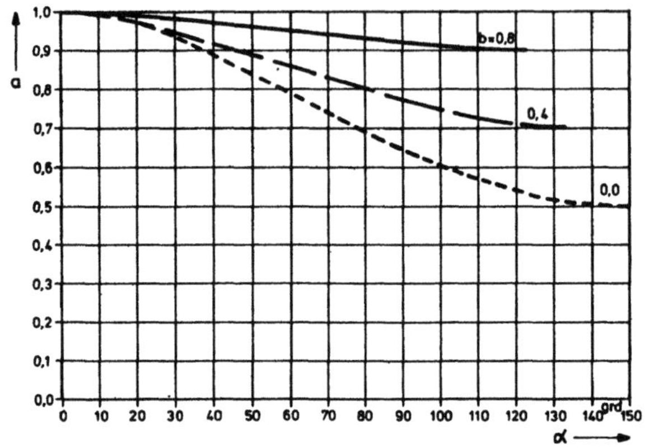

Bild 23: Steuerkennlinie einer halbgesteuerten B6-Schaltung nach dem Verfahren der Spánnungsprofilsteuerung. Parameter: Spannungsverhältnis b.

Der Stellbereich der Ausgangsspannung beider Schaltungen wird durch das Spannungsverhältnis b eingeschränkt. In 8. wird gezeigt, welche Maßnahmen diese Einschränkung aufheben können.

2.4.2 Welligkeit der Ausgangsspannung

Bild 24 zeigt die Verläufe der Welligkeit der Ausgangsspannung für den Fall der vollgesteuerten, Bild 25 die entsprechenden Verläufe für eine halbgesteuerte Schaltung, jeweils bei Spannungsprofilsteuerung als Funktion der Aussteuerung a und mit dem Spannungsverhältnis b als Parameter. Diese Kurven sind nach der ideellen Theorie für netzgeführte Stromrichter entsprechend den Ableitungen in 2.2 bzw. 2.3 anlytisch berechnet.

Man erkennt in beiden Bildern, daß sich die Funktionswerte mit zunehmenden Betrag von b in immer schmaler werdende Bereiche zwischen jeweils einem oberen und einem unteren Grenzwert der Welligkeit zurückziehen, wobei jeweils die Mittelwerte für die Welligkeit innerhalb der Bereiche geringer werden. In den genannten Bereichen oszilliert die Welligkeit als Funktion der Aussteuerung.

Die beschriebene Tendenz ist durchaus erwünscht. Sie gestattet es, die Welligkeit der Ausgangsspannung eines gesteuerten netzgeführten Stromrichters auf die Größenordnung des Minimalwertes zu reduzieren, der einer entsprechenden ungesteuerten Schaltung zuzuordnen ist, weil sich außer der Abnahme ihres Mittelwerts auch ihre Abhängigkeit von der Aussteuerung verringert. Gesteuerte Stromrichter können bei entsprechender Wahl des Spannungsverhältnisses b also durchaus die Welligkeitsanforderungen erfüllen, die bisher nur bei Verwendung von ungesteuerten Schaltungen erreicht worden sind. Mit der durch die Wahl von b erzwungenen Verringerung der Welligkeit nimmt allerdings auch die Größe des Aussteuerungsbereiches ab. Maßnahmen zur Erhaltung des Aussteuerbereichs bei geringer Welligkeit sind

- der Übergang zu höherpulsigen Schaltungen und
- die in 8. beschriebene Kaskadierung.

Weil höherpulsige Schaltungen wegen der hohen Zahl von steuerbaren Ventilen weniger wirtschaftlich sind, soll hier nur ein Berechnungsergebnis gezeigt werden, ohne den Gang der Berechnung im einzelnen darzustellen. Die erreichbaren Werte für die Welligkeit als Funktion der Aussteuerung a sind in Bild 26 dargestellt, wobei das Spannungsverhältnis b wieder Parameter ist.

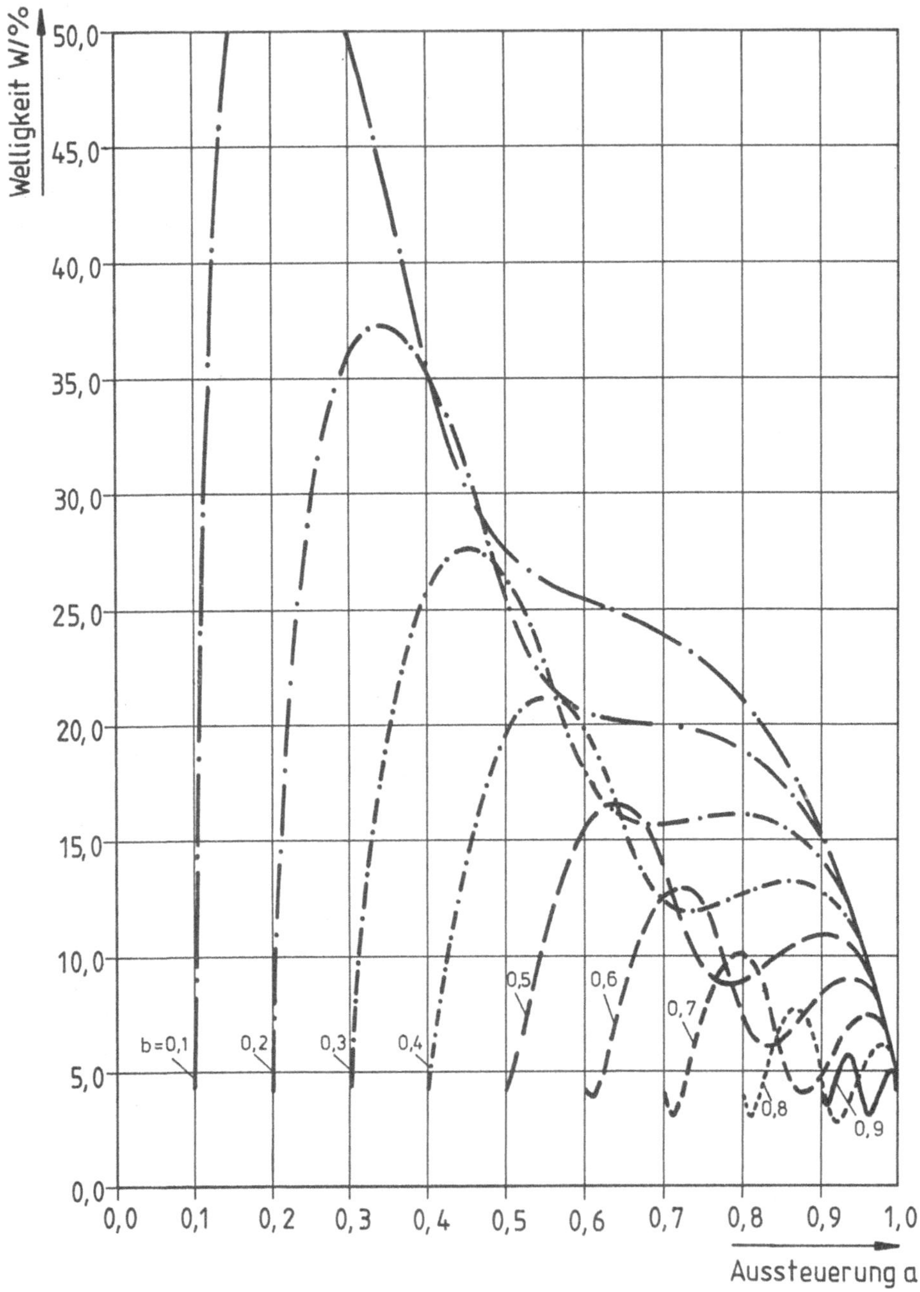

<u>Bild 24:</u> Welligkeit der Ausgangsspannung einer vollgesteuerten Drehstrombrückenschaltung nach dem Verfahren der Spannungsprofilsteuerung. Parameter: Spannungsverhältnis b.

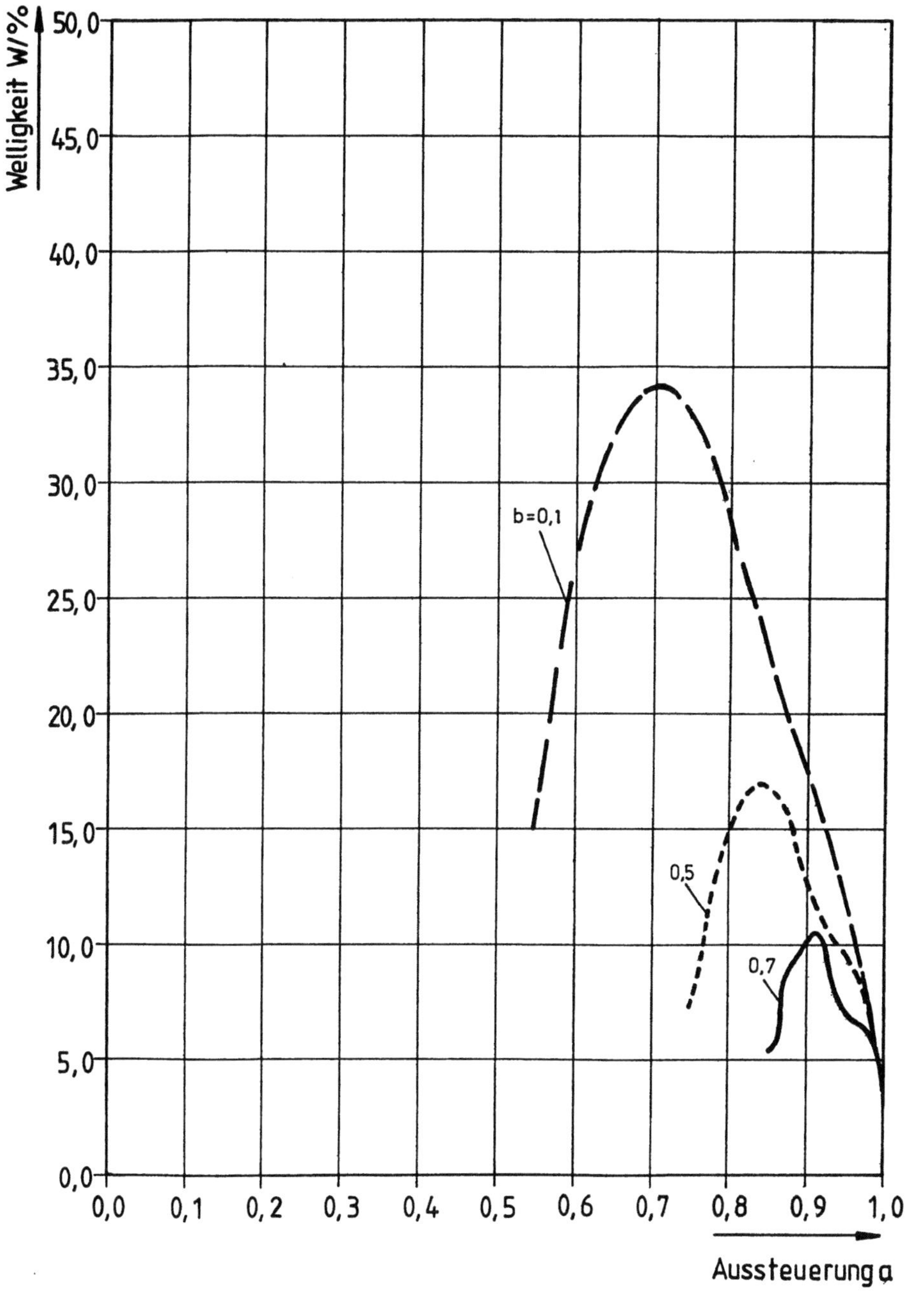

Bild 25: Welligkeit der Ausgangsspannung einer halbgesteuerten Drehstrombrückenschaltung nach dem Verfahren der Spannungsprofilsteuerung. Parameter: Spannungsverhältnis b.

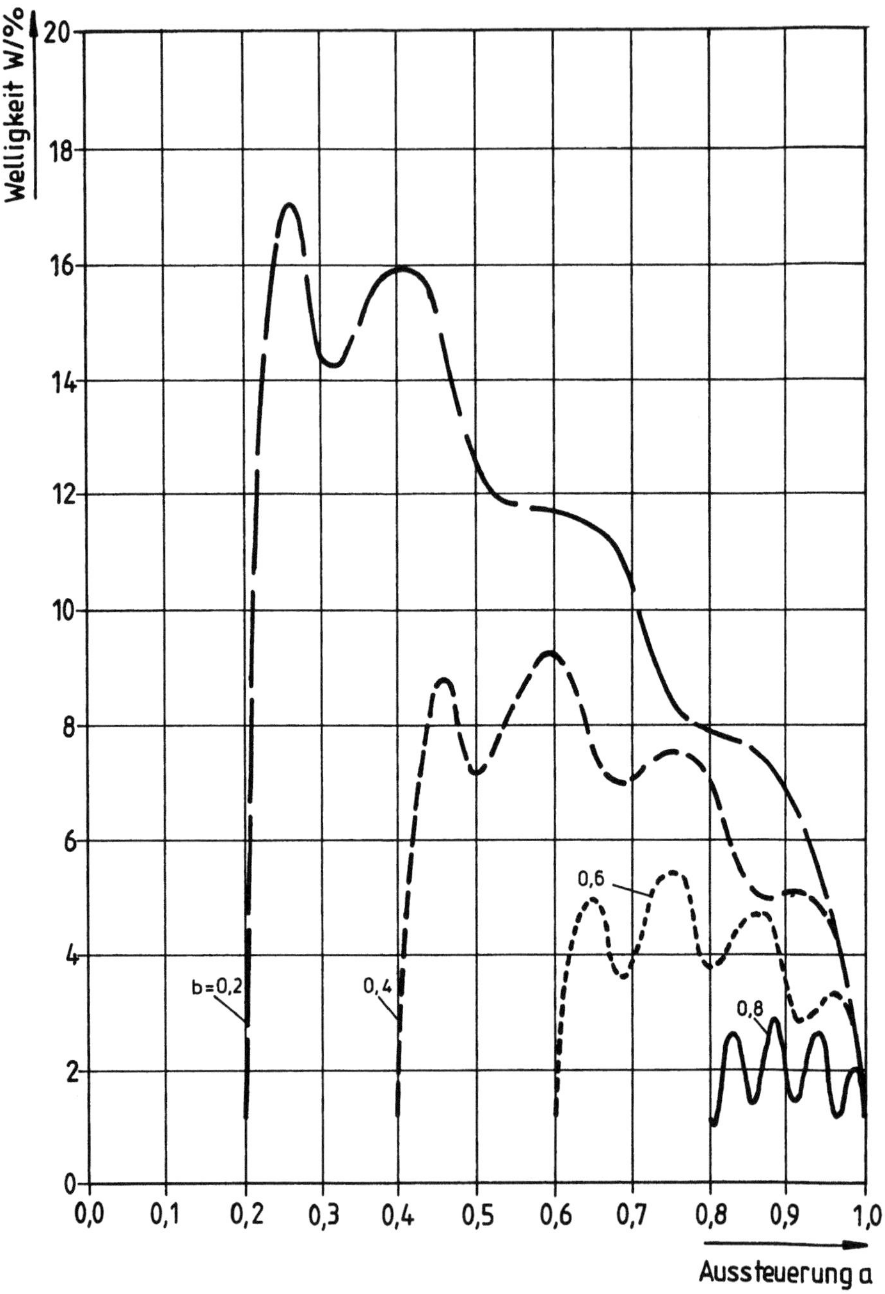

Bild 26: Welligkeit einer 12pulsigen Stromrichterschaltung mit Spannungsprofilsteuerung

3. Steuerwinkeloptimierung

Ersetzt man die ungesteuerten Ventile der Schaltung nach Bild 1 durch steuerbare, dann hat diese Stromrichterschaltung drei Freiheitsgrade: Das bei der Bemessung festgelegte Spannungsverhältnis b und die betrieblich veränderten Steuerwinkel α_1 und α_2.

Bei den bisherigen Betrachtungen wurde nur das Spannungsverhältnis b und der Steuerwinkel α_1 variiert, während der Steuerwinkel α_2 konstant auf dem Wert Null gehalten wurde. Die Untersuchungen haben ergeben, daß diese Betriebsart eine unnötige Einschränkung bedeutet. In einem erweiterten Ansatz sollen nun die für die jeweilige Aussteuerung a optimalen Steuerwinkel α_1 und α_2 ermittelt werden.

Zu diesem Zweck wurde der Betrieb der Schaltung nach Bild 1 auf einem Digitalrechner simuliert. Durch Vorgabe des Spannungsverhältnisses b, der Steuerwinkel α_1 und α_2 werden die Zeitverläufe von Strömen und Spannungen in einem quasistationären Betriebspunkt ermittelt und anschließend numerisch ausgewertet.

Das Ergebnis der Simulation und Optimierung ist in Bild 27 dargestellt. Die Welligkeit der Ausgangsspannung als Funktion der Aussteuerung weist bei nicht optimierter Steuerung zwei Maxima auf. Dies entspricht dem Verlauf mit dem gestrichelt gezeichneten Kurventeil in Bild 27. Durch Optimierung der Steuerwinkel gelingt es, die Welligkeit im kritischen Bereich des absoluten Maximums abzusenken und so die Abhängigkeit der Welligkeit von der Aussteuerung weiter einzugrenzen.

Wie Bild 28 zeigt, besteht nunmehr ein nichtlinearer und nur abschnittsweise stetiger Zusammenhang zwischen der Aussteuerung und den Zündwinkeln α_1 und α_2.

4. Vergleich der Welligkeit der Ausgangsspannung mit anderen netzgeführten Stromrichterschaltungen

Um Vergleiche zwischen dem Schaltungsaufwand und den erzielten Ergebnissen anstellen zu können, wurden noch weitere netzgeführte Stromrichterschaltungen untersucht. Es sind dieses:

a) Symmetrisch gesteuerte Stromrichterschaltungen höherer Pulszahl p,
b) die halbgesteuerte DB-Schaltung (Bild 3o),
c) eine Schaltung mit drehstromseitiger unsymmetrischer Steuerung (Bild 31), /5/, /6/,
d) die DB - Schaltung mit 6pulsig wirkender Freilaufdiode (Bild 32), /4/ und
e) eine Schaltung mit drehstromseitiger symmetrischer Steuerung (Bild 33), /5/, /6/

Die beiden Schaltungen nach Bild 3o und 31 und die nach Bild 32 und 33 verhalten sich bezüglich der Ausgangsspannungen jeweils gleich und können paarweise betrachtet werden.

4.1 Höherpulsige Schaltungen

Der Zeitverlauf der Ausgangsspannung ist lastabhängig. Bei ohmsch-induktiver wird er vom Verhältnis der lastseitigen Komponenten R/L bestimmt.
Unter der Voraussetzung ideal geglätteten Laststroms gelten folgende Gleichungen /8/:

$$a = \cos\alpha \tag{42}$$

$$w = \frac{\sqrt{\left(1 - \frac{\sin^2(\pi/p)}{(\pi/p)^2}\right) + \left(\frac{\sin(2\pi/p)}{(2\pi/p)} - \frac{\sin^2(\pi/p)}{(\pi/p)^2}\right)\cos 2\alpha}}{\sqrt{2}\ \frac{\sin(\pi/p)}{\pi/p}\cos\alpha} \tag{43}$$

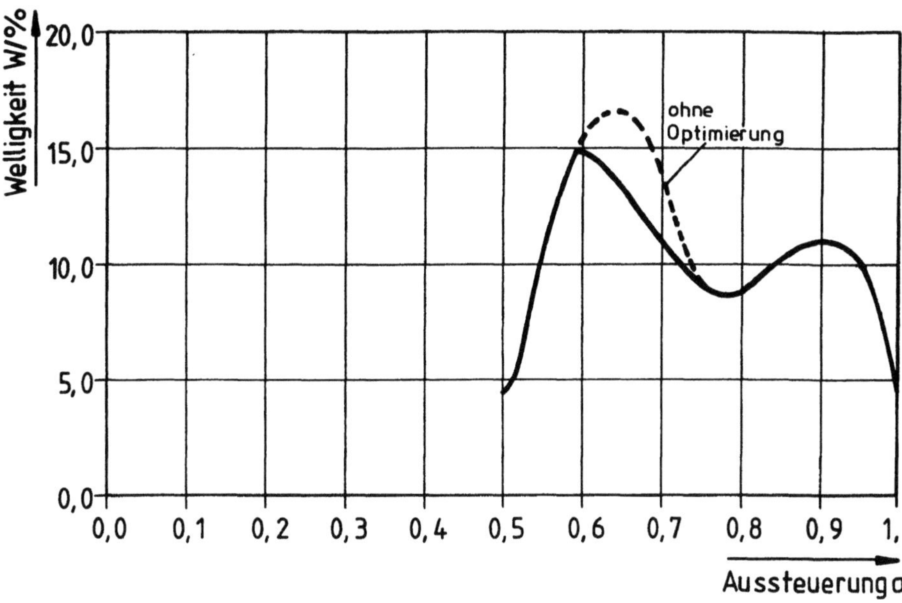

Bild 27: Welligkeit der Ausgangsspannung einer Stromrichterschaltung mit Spannungsprofilsteuerung bei optimalen Werten der Steuerwinkel α_1 und α_2, Spannungsverhältnis b = o,5. Gestrichelt gezeichnet: α_2 = O.

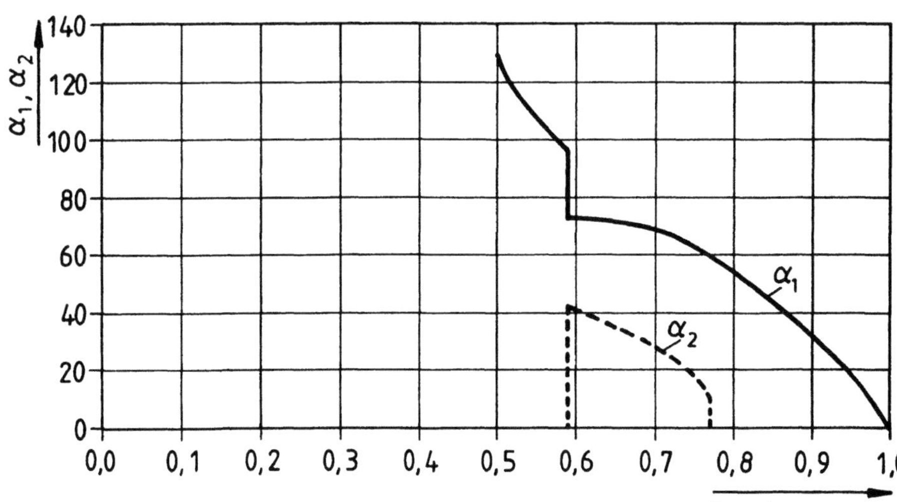

Bild 28: Optimale Steuerwinkel α_1 und α_2 einer Stromrichterschaltung mit Spannungsprofilsteuerung als Funktion der Aussteuerung, Spannungsverhältnis b = o,5

Bei ohmscher Last sind keine negativen Augenblickswerte der Ausgangsspannung möglich. Bezüglich der Ausgangsspannung verhält sich die Schaltung wie eine Stromrichterschaltung mit Freilaufdiode. Unterhalb des Steuerwinkels $\alpha_{Lück}$ (Bild 29) gelten (42) und (43).

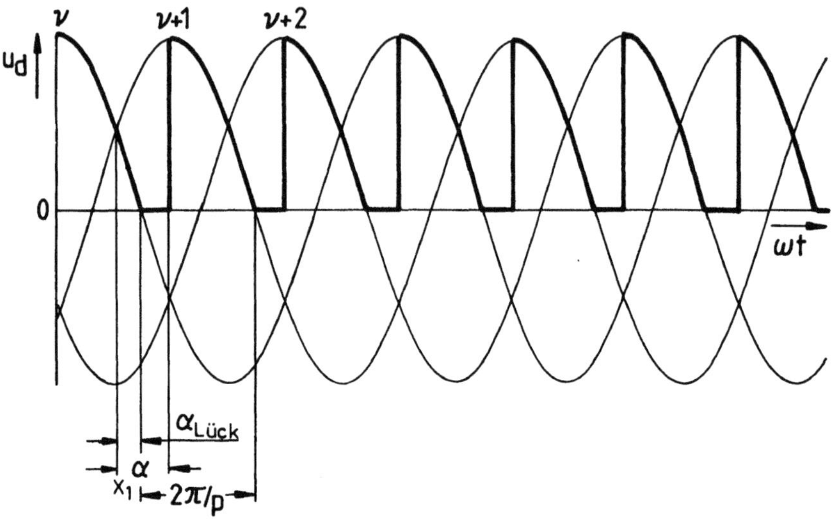

Bild 29: Ausgangsspannung einer p-pulsigen Stromrichterschaltung bei ohmscher Last

Ist der Zündwinkel α größer als der Differenzwinkel zwischen dem Nulldurchgang der Phasenspannung u_ν und dem Schnittpunkt x_1 der Phasenspannungen u_ν und $u_{\nu+1}$, so herrscht Lückbetrieb.

Die Gleichheit zweier Phasenspannungen tritt periodisch im Abstand 2π/p auf:

$$\cos x_1 = \cos(x_1 - 2\pi/p). \quad (44)$$

Mit

$$x_1 = \pi/p \quad (45)$$

errechnet sich der Grenzwinkel des Lückbetriebes $\alpha_{Lück}$ zu

$$\alpha_{Lück} = \pi/2 - \pi/2. \quad (46)$$

Der Aussteuerungsgrad a wird Null, wenn für den Steuerwinkel α die Bedingung

$$\alpha_{a=o} \geq \pi/2 + \pi/p \tag{47}$$

erfüllt ist.

Im Bereich $\pi/2-\pi/p \leq \alpha \leq \pi/2+\pi/p$ sind zur Berechnung der Welligkeit folgende Gleichungen aufzustellen:

$$U_{di\alpha} = \frac{p}{2\pi} \int_{x_1+\alpha}^{x_1+\alpha_{Lück}+2\pi/p} \hat{u}\cos(x-2\pi/p)\,dx \tag{48}$$

$$a = \frac{1}{2\sin(\pi/p)}(1-\sin(\alpha-\pi/p)) \tag{49}$$

$$U_{di\alpha\,eff} = \sqrt{\frac{p}{2\pi} \int_{x_1+\alpha}^{x_1+\alpha_{Lück}+2\pi/p} \hat{u}^2\cos(x-2\pi/p)\,dx} \tag{5o}$$

$$U_{di\alpha\,eff} = \hat{u}\sqrt{\frac{p}{8} + \frac{1}{4} - \alpha\,\frac{p}{4\pi} - \frac{p}{8\pi}\sin(2\alpha-2\pi/p)} \tag{51}$$

Man erhält nach Definition (4)

$$w = \sqrt{\frac{\frac{p}{8} + \frac{1}{4} - \frac{\alpha p}{4\pi} - \frac{p}{8\pi}\sin(2\alpha-2\pi/p)}{\frac{p^2}{4\pi^2}(1-\sin(\alpha-\pi/p))^2} - 1} \tag{52}$$

4.2 Schaltungen mit unsymmetrischer Steuerung

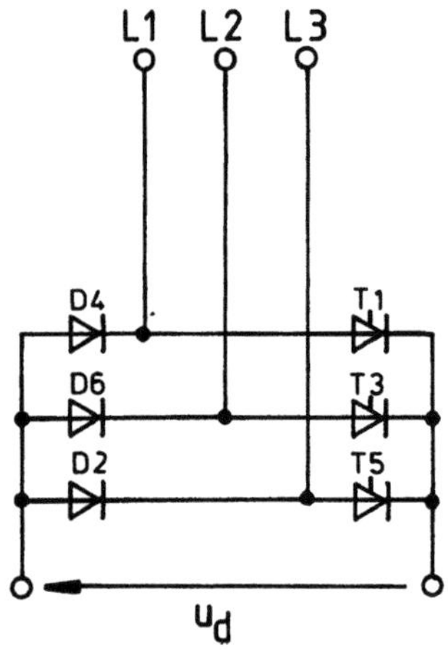

Bild 3o: Halbgesteuerte DB-Schaltung

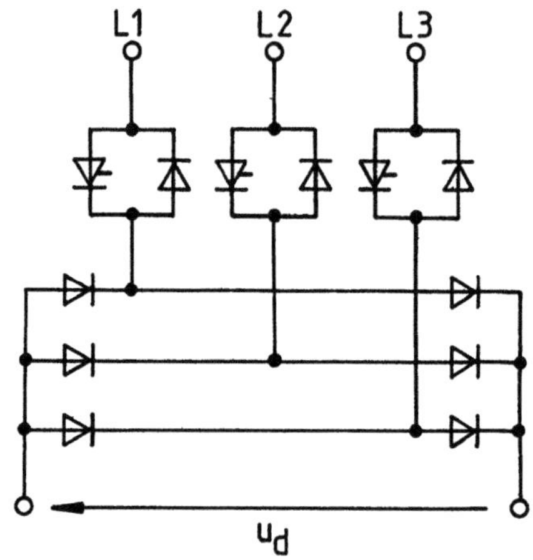

Bild 31: Drehstromseitige unsymmetrische Steuerung

Es müssen folgende Fallunterscheidungen getroffen werden:

a) $0 \leq \alpha \leq \pi/3$

$$a = \frac{1}{2}\,(1+\cos\,\alpha) \tag{53}$$

$$w = \sqrt{\frac{2\,\pi^2\,(1+\frac{3}{4}\frac{\sqrt{3}}{\pi}\,(1+\cos\,2a))}{9\,(1+\cos\,\alpha)^2} - 1} \tag{54}$$

b) $\pi/3 \leq \alpha \leq \pi$

$$a = \frac{1}{2}\,(1+\cos\,\alpha) \tag{55}$$

$$w = \sqrt{\frac{2\,\pi^2\,(\frac{3}{2} - \frac{3\alpha}{2\pi} + \frac{3}{4\pi}\,\sin\,2\alpha)}{9\,(1+\cos\,\alpha)^2} - 1} \tag{56}$$

4.3 Schaltungen mit 6pulsig wirkender Freilaufdiode

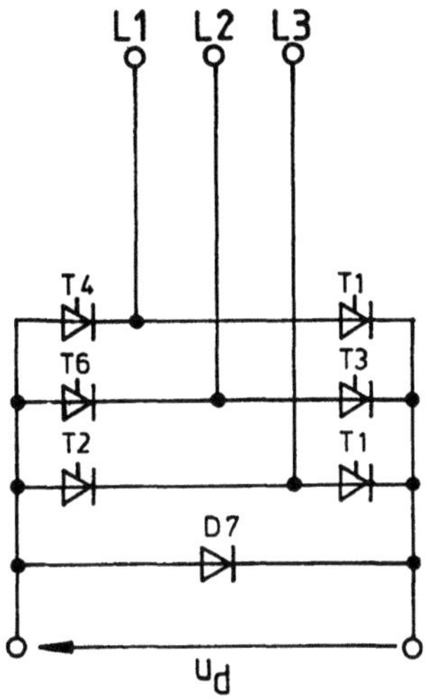

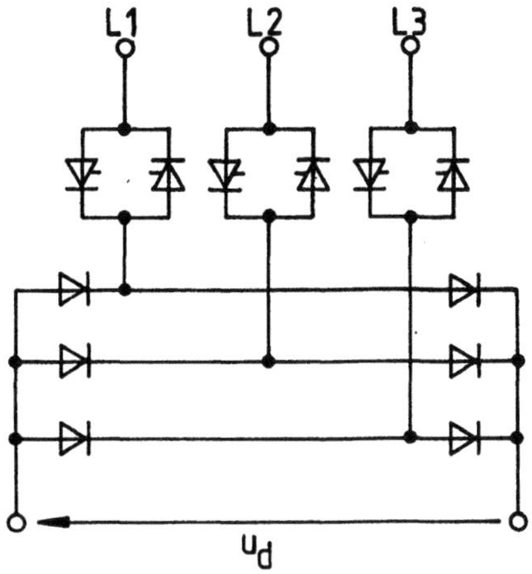

Bild 32: DB-Schaltung mit 6-pulsig wirkender Freilaufdiode

Bild 33: Drehstromseitige symmetische Steuerung

a) $0 \leq \alpha \leq \pi/3$

$$a = \cos\alpha \tag{57}$$

$$w = \sqrt{\frac{\pi^2 \left(1+\frac{3\sqrt{3}}{2\pi}\cos 2\alpha\right)}{18\cos^2\alpha} - 1} \tag{58}$$

b) $\pi/3 \leq \alpha \leq 2\pi/3$

$$a = 1+\cos(\pi/3+\alpha) \tag{59}$$

$$w = \sqrt{\frac{\pi^2 \left(2-\frac{3\alpha}{\pi}+\frac{3}{2\pi}\sin(2\pi/3+2\alpha)\right)}{18\,(1+\cos(\pi/3+\alpha))^2} - 1} \tag{6o}$$

4.4 Ergebnisse

Bild 34 zeigt die Welligkeit der Ausgangsspannung als Funktion der Aussteuerung mit der Pulszahl p als Parameter. Beim Vorhandensein einer Freilaufdiode oder bei rein ohmscher Last wird der jeweilige Verlauf erst dann günstiger, wenn die Welligkeit ohnehin schon größer ist als 5o %. Geringere Werte der Welligkeit sind also bei den klassischen Schaltungen nur durch eine höhere Pulszahl erreichbar.

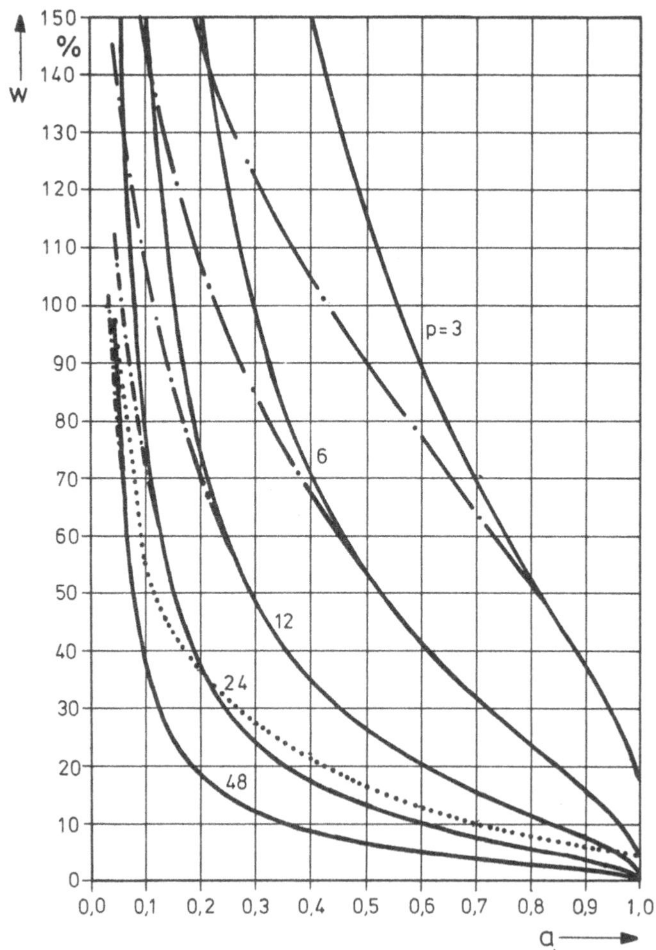

Bild 34: Welligkeit symmetrisch gesteuerter Stromrichterschaltungen als Funktionen der Aussteuerung

a) mit der Pulszahl p als Parameter

——— bei $L_d \rightarrow \infty$

—·—·— bei ohmscher Last

b) ·········· obere Grenzkurve bei 6pulsiger Spannungsprofilsteuerung

Dagegen liefern die vollgesteuerten 6pulsigen Schaltungen mit Spannungsprofilsteuerung wesentlich geringere Werte der Welligkeit, die immer unterhalb der in Bild 34 gepunktet gezeichneten oberen Grenzkurve liegen. Die jeweils gültigen Funktionen hängen zusätzlich vom Spannungsverhältnis b ab. Sie können dem Bild 24 entnommen werden. Der Vergleich in Bild 34 zeigt, daß ein Stromrichter mit 6pulsiger Spannungsprofilsteuerung etwa den gleichen Welligkeitsverlauf hat wie eine symmetrisch gesteuerte 24pulsige Schaltung. Allerdings besteht bei der erstgenannten Schaltung eine Begrenzung der Aussteuerung auf den Bereich b ≤ a ≤ 1.

Die Schaltungen b) bis e) eignen sich zwar zur Herabsetzung der Netzrückwirkungen, die Welligkeiten der Ausgangsspannungsmittelwerte erreichen jedoch sehr große Werte (siehe Bild 35).

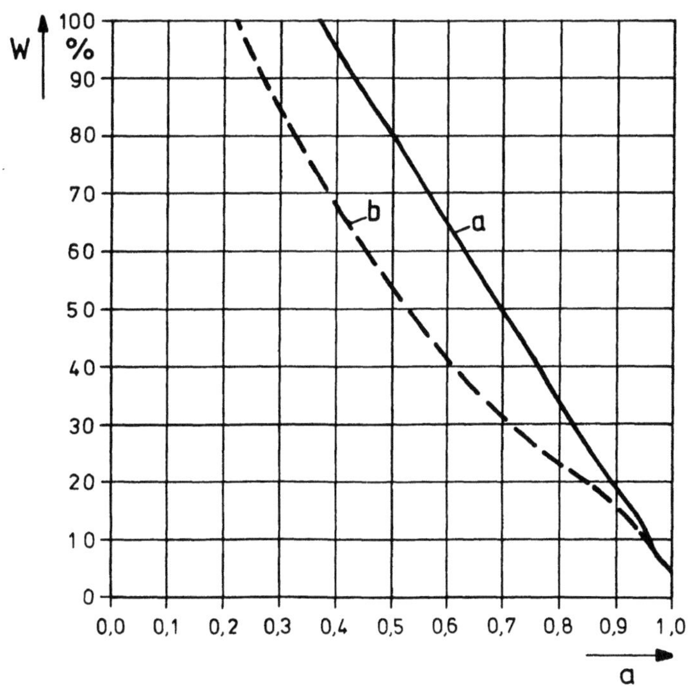

Bild 35: Welligkeit als Funktion des Aussteuerungsgrads
a) Halbgesteuerte DB-Schaltung
b) DB-Schaltung mit 6pulsig wirkender Freilaufdiode

5. Berechnung der Zeitverläufe der Ströme auf der Drehstromseite aus dem Strom auf der Gleichstromseite unter Berücksichtigung des Stromrichtertransformators

Für die spätere Berechnung der netzseitigen Wirk-, Blind- und Scheinleistungen müssen zunächst die Zeitverläufe der Netzströme bekannt sein.

5.1 Allgemeiner Ansatz

Die Berechnungen werden für eine ideale Stromrichterschaltung durchgeführt, d.h. Verluste im Stromrichter und Transformator werden vernachlässigt. Das System der eingeprägten Drehspannungen sei symmetrisch.

Unter diesen Bedingungen muß der Augenblickswert der Summe der Leistungen auf der Drehstromseite gleich der Leistung im Gleichstromkreis sein /8/, d.h.:

$$u_{L1N}\, i_{L1} + u_{L2N}\, i_{L2} + u_{L3N}\, i_{L3} = u_d\, i_d \tag{61}$$

Die verwendeten Bezeichnungen kohnen Bild 36 entnommen werden.

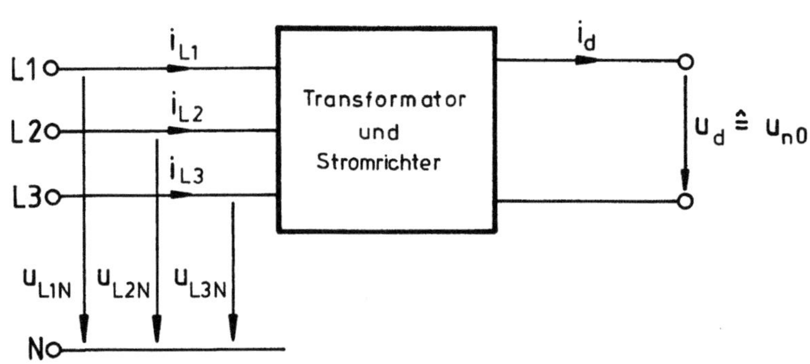

Bild 36: Bezeichnungen und Zählpfeilrichtungen der betrachteten Stromrichterschaltung

Der zeitliche Verlauf der Ausgangsspannung u_d wird durch die Ventilzustände und das jeweils gültige Übersetzungsverhältnis des Transformators bestimmt. Dabei stellen sich im Verlauf einer Netzperiode n verschiedene Zustände ein. Die in jedem

Zustand gültige Zeitfunktion $u_d = u_{n0}$ wird für die Berechnung des Zeitverlaufs der netzseitigen Ströme benötigt. In jedem Zeitabschnitt n läßt sich dann durch Einführung eines für diesen Abschnitt geltenden Übersetzungsverhältnisses der Strom auf der Drehstromseite berechnen.
Es gilt:

$$i_{L1} = ü_{L1n}\, i_d \tag{62}$$

$$i_{L2} = ü_{L2n}\, i_d \tag{63}$$

$$i_{L3} = ü_{L3n}\, i_d \tag{64}$$

Mit

$$i_{L1} + i_{L2} + i_{L3} = 0 \tag{65}$$

folgt:

$$ü_{L1n} + ü_{L2n} + ü_{L3n} = 0 \tag{66}$$

Durch Umstellen von (62) bis (64) nach ü und Einsetzen in (61) bekommt man

$$u_{L1n}\, ü_{L1n} + u_{L2n}\, ü_{L2n} + u_{L3n}\, ü_{L3n} = u_{no} \tag{67}$$

Die Berechnung der Übersetzungsverhältnisse erfolgt über die primären und sekundären Spannungen. Da alle Zeitfunkionen harmonische Funktionen sind, kann die Zeigerschreibweise angewendet werden.

Ausgehend von einer Ventilzustandskombination n kann man Amplituden und Phasenbeziehungen zwischen der sekundären Zeigerspannung u_{no} und den primären Netzspannungen durch das Zeigerdiagramm Bild 37 angeben.

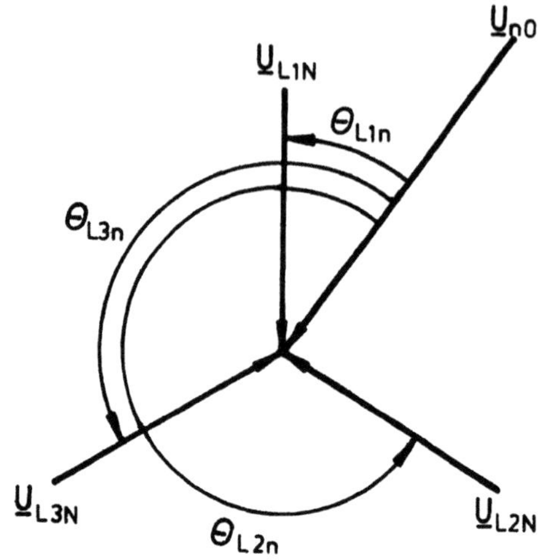

Bild 37: Phasenbeziehung zwischen der sekundären Zweigspannung u_{no} und den Netzspannungen

Mit $U_{L1} = U_{L2} = U_{L3} = U_{LN}$ erhält man nach /8/ für die Übersetzungsverhältnisse

$$ü_{L1n} = \frac{2}{3} \frac{U_{no}}{U_{LN}} \cos\Theta_{L1n} \tag{68}$$

$$ü_{L2n} = \frac{2}{3} \frac{U_{no}}{U_{LN}} \cos\Theta_{L2n} \tag{68}$$

$$ü_{L3n} = \frac{2}{3} \frac{U_{no}}{U_{LN}} \cos\Theta_{L3n} \tag{69}$$

In Verbindung mit (62) bis (64) sind die Netzströme eindeutig bestimmt.

5.2 Ermittlung des Zeitverlaufs der Netzströme für eine gesteuerte B6-Schaltung nach dem Verfahren der Spannungsprofilsteuerung

Unabhängig vom Laststrom i_d erhält man für die netz- und gleichstromseitigen Spannungen nach Bild 1 das in Bild 38 dargestellte Zeigerdiagramm. Das Übersetzungsverhältnis w2/w1 beträgt 1/ $\sqrt{3}$.

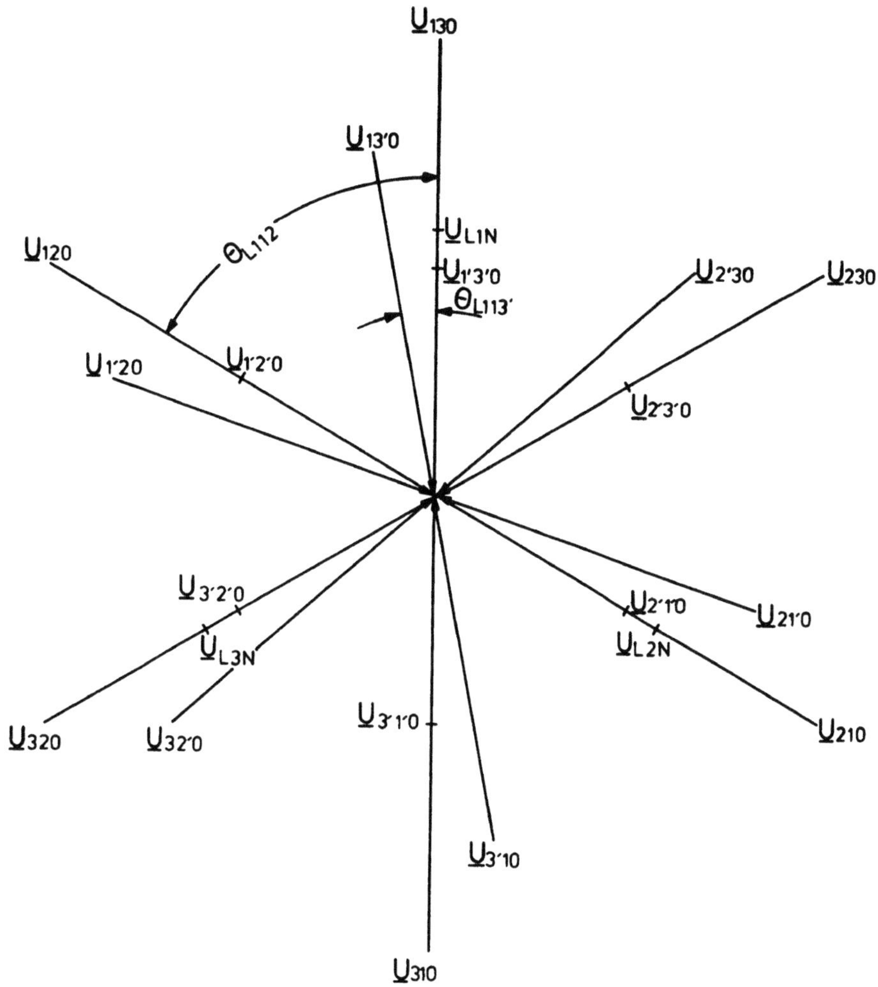

Bild 38: Zeigerbild der netz- und gleichstromseitigen Spannungen eines Stromrichters nach den Verfahren Spannungsprofilsteuerung

Da bei einem symmetrisch belasteten Drehstromnetz im Mittelpunktsleiter kein Strom fließt, genügt es, einen Leiterstrom (z.B. i_{L1}) zu berechnen. Die anderen Leiterströme haben die gleiche Kurvenform, sind jedoch um Winkel $\pm$ 2π/3 verschoben.

$$i_{L2}(\omega t) = i_{L1}(\omega t - 2\pi/3) \tag{71}$$

$$i_{L3}(\omega t) = i_{L1}(\omega t + 2\pi/3) \tag{72}$$

Nach (62) und (68) kann der Leiterstrom i_{L1} aus

$$i_{L1} = \frac{2}{3}\,\frac{U_{no}}{U_{LN}}\,\cos\theta_{Rn}\, i_d \tag{73}$$

berechnet werden.

Die Berechnung wird für die zwei Fälle i_d = const, d.h. $L_d \to \infty$, und für eine rein ohmsche Last durchgeführt.

Die für die einzelnen Zeitabschnitte gültigen Stromamplituden nach (73) sind in der Tabelle, Bild 39, für den Fall i_d = const zusammenfassend dargestellt.

n	θ_{L1n}/grd	U_{no}/U_{LN}	i_{L1}/i_d
12	60		$1/\sqrt{3}$
13	0		$2/\sqrt{3}$
23	-60		$1/\sqrt{3}$
21	-120	$\sqrt{3}$	$-1/\sqrt{3}$
31	180		$-2/\sqrt{3}$
32	120		$-1/\sqrt{3}$
1'2	$60+\alpha_G$		$b/\sqrt{3}$
13'	α_G		$(b+1)/\sqrt{3}$
2'3	$-60+\alpha_G$	$\sqrt{b^2+b+1}$	$1/\sqrt{3}$
21'	$-120+\alpha_G$		$-b/\sqrt{3}$
3'1	$180+\alpha_G$		$-(b+1)/\sqrt{3}$
32'	$120+\alpha_G$		$-1/\sqrt{3}$
1'2'	60		$b/\sqrt{3}$
1'3'	0		$2b/\sqrt{3}$
2'3'	-60		$b/\sqrt{3}$
2'1'	-120	$b\sqrt{3}$	$-b/\sqrt{3}$
3'1'	180		$-2b/\sqrt{3}$
3'2'	120		$-b/\sqrt{3}$

Bild 39: Tabellarische Darstellung der Gleichung

$$i_{L1} = \frac{2}{3}\,\frac{U_{no}}{U_{LN}}\cos\theta_{L1n}\, i_d$$

für i_d = const

Bei ohmscher Belastung folgt der Netzstrom zeitabschnittsweise unterschiedlichen Funktionen, die in Bild 4o tabellarisch zusammengefaßt sind. Dabei gilt:

$$\hat{i}_L = 2\ \hat{u}_{LN}/R.$$

n	Θ_{L1n}/grd	U_{no}/U_{LN}	$i_{L1}/\hat{i}_L$
12	6o		$o,5\ \sin(x+3o^o)$
13	0		$\sin(x-3o^o)$
23	-6o	$\sqrt{3}$	$o,5\ \sin(x-9o^o)$
21	-12o		$-o,5\ \sin(x-15o^o)$
31	18o		$-\sin(x+15o^o)$
32	12o		$-o,5\ \sin(x+9o^o)$
1'2	$6o+\alpha_G$		$\frac{b}{2\sqrt{3}}\sqrt{b^2+b+1}\ \sin(x+\alpha_G+3o^o)$
13'	α_G		$\frac{b+1}{2\sqrt{3}}\sqrt{b^2+b+1}\ \sin(x+\alpha_G-3o^o)$
2'3	$-6o+\alpha_G$	$\sqrt{b^2+b+1}$	$\frac{1}{2\sqrt{3}}\sqrt{b^2+b+1}\ \sin(x+\alpha_G-9o^o)$
21'	$-12o+\alpha_G$		$-\frac{b}{2\sqrt{3}}\sqrt{b^2+b+1}\ \sin(x+\alpha_G-15o^o)$
3'1	$18o+\alpha_G$		$-\frac{b+1}{2\sqrt{3}}\sqrt{b^2+b+1}\ \sin(x+\alpha_G+15o^o)$
32'	$12o+\alpha_G$		$-\frac{b}{2\sqrt{3}}\sqrt{b^2+b+1}\ \sin(x+\alpha_G+9o^o)$
1'2'	6o		$o,5b^2\ \sin(x+3o^o)$
1'3'	0		$b^2\ \sin(x-3o^o)$
2'3'	-6o	$b\sqrt{3}$	$o,5b^2\ \sin(x-9o^o)$
2'1'	-12o		$o,5b^2\ \sin(x-15o^o)$
3'1'	18o		$-b^2\ \sin(x+15o^o)$
3'2'	12o		$o,5b^2\ \sin(x+9o^o)$

Bild 4o: Tabellarische Darstellung der Gleichung

$$i_{L1} = \frac{2}{3}\frac{U_{no}}{U_{LN}}\cos\Theta_{L1n}\ i_d$$

für ohmsche Belastung.

Die Auswertung der Tabellen Bild 39 und Bild 4o muß in Abhängigkeit vom Steuerwinkel α bereichsweise erfolgen.

<u>Bereich a: $0 \leq \alpha \leq \alpha_G$</u>

In diesem Bereich verhält sich die Schaltung wie eine symmetrisch gesteuerte B6-Schaltung mit einem Stromrichtertransformator in Dy-Schaltung.

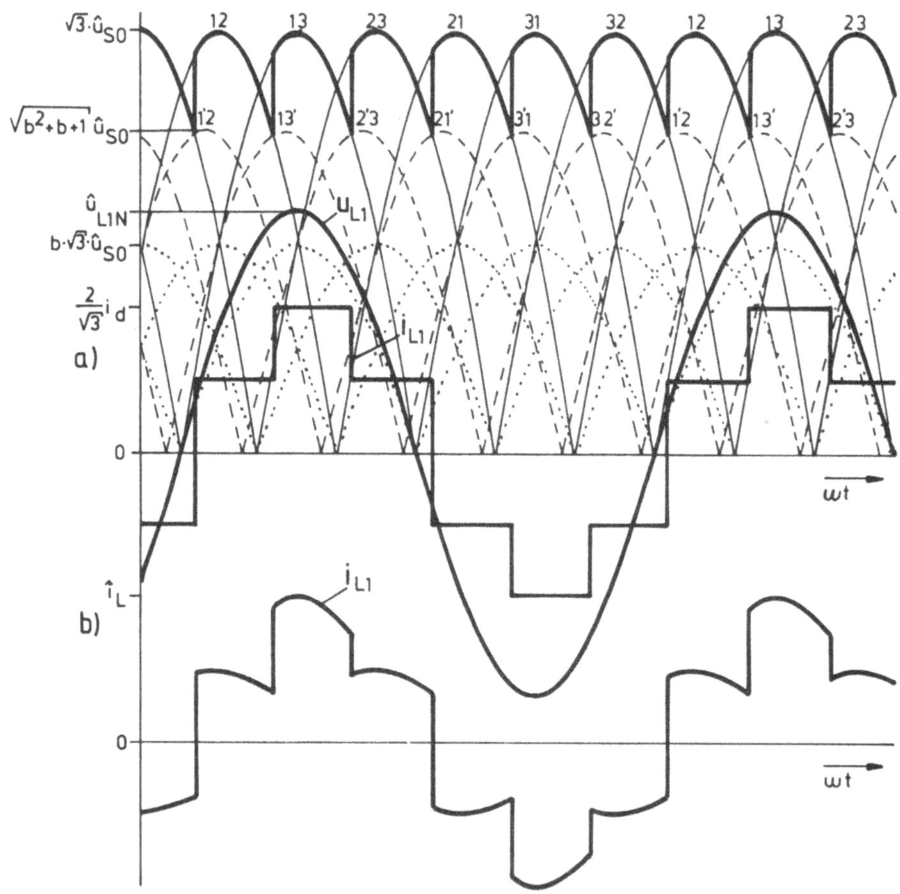

<u>Bild 41:</u> Zeitverlauf der Ausgangsspannung u_d für $\alpha = 1o{,}9^{\circ}$, der primären Netzspannung u_{L1}, sowie die Zeitverläufe des Phasenstromes i_{L1} für

a) i_d = const;

b) ohmsche Last.

Bei i_d=const. ist in diesem Bereich die Kurvenform des Phasenstroms unabhängig vom Steuerwinkel α. Bei einer Zündverzögerung um den Winkel α tritt lediglich eine Verschiebung der Stromblöcke gegenüber der zugehörigen Nullpunktspannung u_{L1} um den Winkel α auf.

Bereich b: $\alpha_G \leq \alpha \leq \alpha_G + \pi/3$

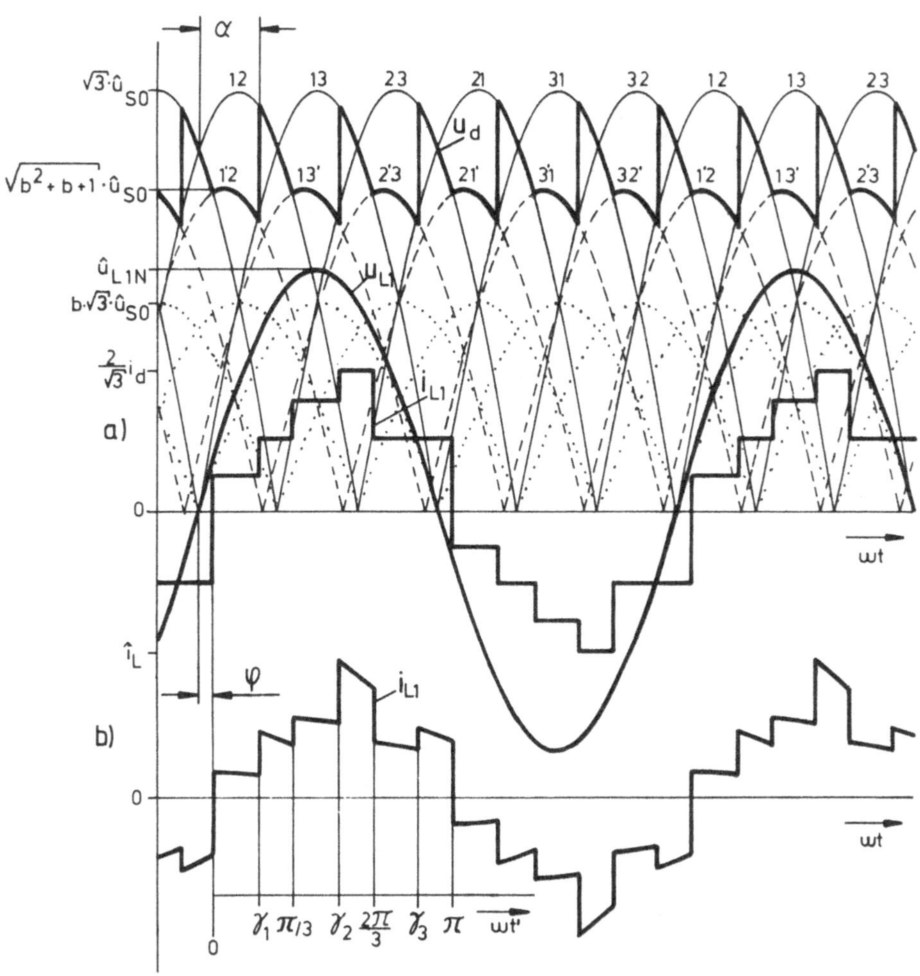

Bild 42: Zeitverläufe der Ausgangsspannung u_d für $\alpha = 45^o$, der primären Netzspannung u_{L1}, sowie des Stromes in der Phase L1 a) i_d= const., b) ohmsche Last.

Zur besseren Auswertung der Stromzeitfunktionen wird eine neue Koordinate $\omega t'$ eingeführt, deren Ursprung um den konstanten Winkel

$$\varphi = \alpha_G \tag{74}$$

gegenüber der Sternspannung u_{L1} verschoben ist.

Für die eingezeichneten Winkel gilt:

$$\gamma_1 = \alpha - \alpha_G \tag{75}$$

$$\gamma_2 = \alpha - \alpha_G + \pi/3 \tag{76}$$

$$\gamma_3 = \alpha - \alpha_G + 2\pi/3 \tag{77}$$

Diese Winkel werden in 6. zur Berechnung der Stromeffektivwerte benötigt.

Bereich $c: \alpha_G + \pi/3 \leq \alpha \leq 2\pi/3$

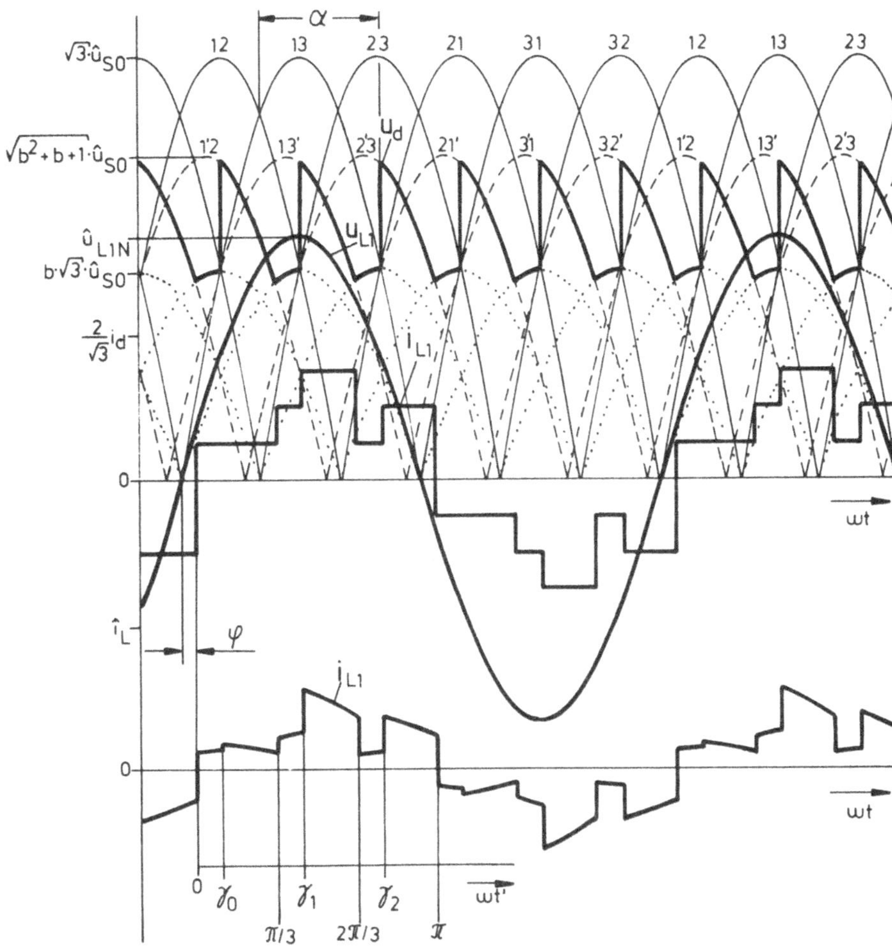

Bild 43: Zeitverläufe der Ausgangsspannung u_d für $\alpha = 90^\circ$, der primären Netzspannung u_{L1}, sowie des Stromes in der Phase L1 a) i_d = const. b) ohmsche Last.

Der Winkel γ_o wird aus

$$\gamma_o = \alpha - \alpha_G - \pi/3 \qquad (78)$$

berechnet. Für den Winkel φ gilt (74).

Bereich d: $2\pi/3 \leq \alpha \leq \alpha_G + 2\pi/3$

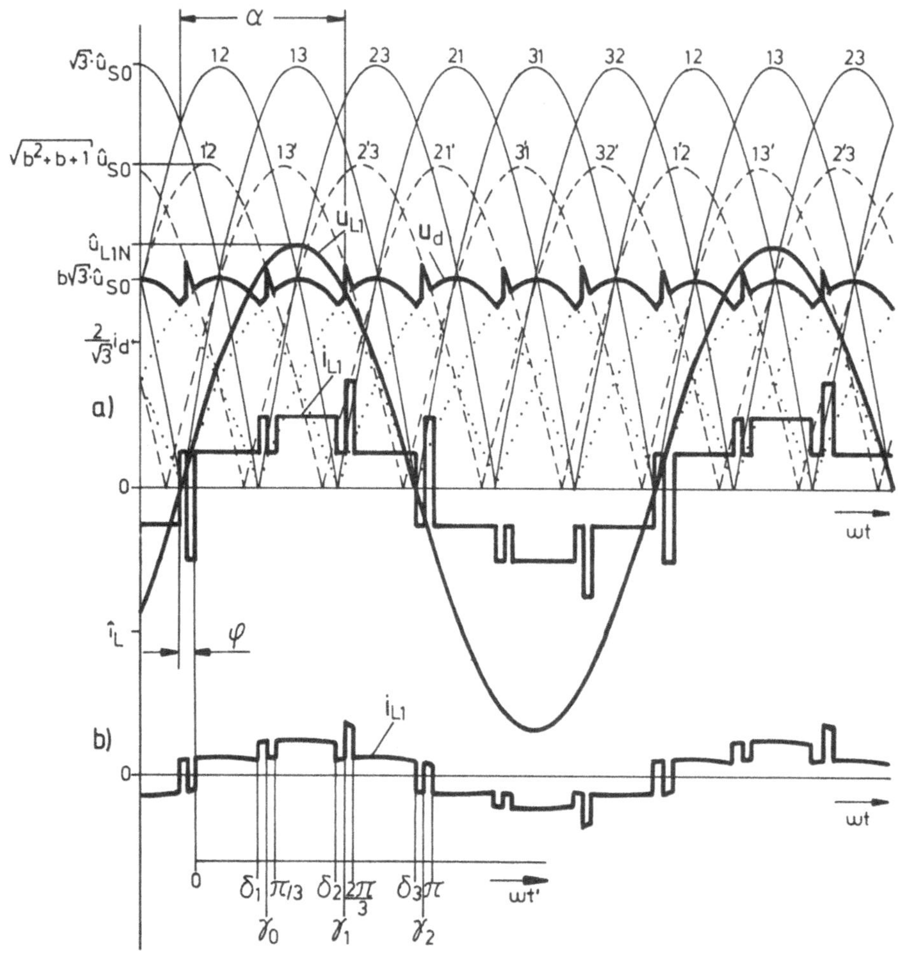

Bild 44: Zeitverläufe der Ausgangsspannung u_d für $\alpha = 126^o$, der primären Netzspannung u_{L1}, sowie des Stromes in der Phase L1 a) i_d = const.; b) ohmsche Last.

Die in Bild 44 eingezeichneten Winkel sind wie folgt definiert:

$$\delta_1 = \pi/3 - \alpha_G \tag{79}$$

$$\delta_2 = \delta_1 + \pi/3 \tag{80}$$

$$\delta_3 = \delta_1 + 2\pi/3 \tag{81}$$

Der Winkel φ wird nach (74) berechnet.

5.3 Ermittlung des Zeitverlaufs der Netzströme bei einer B6-Schaltung mit ohmscher Belastung

Bei einem Steuerwinkel $\alpha \geq \pi/3$ lückt der Laststrom. Negative Augenblickswerte der Spannung u_d treten nicht auf.

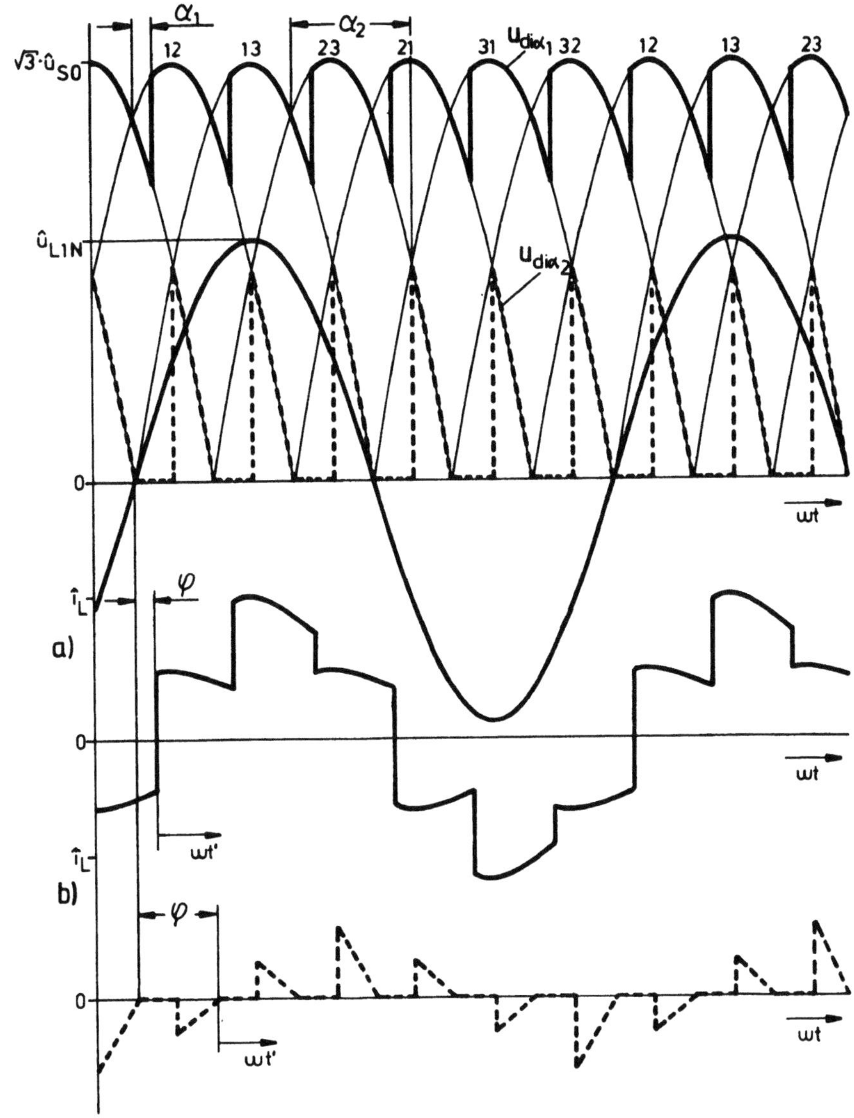

Bild 45: Zeitverläufe der Ausgangsspannung u_d, des Netzstromes i_{L1} und der Netzspannung u_{L1} einer B6-Schaltung mit ohmscher Last für

a) $\alpha_1 = 15^o$

b) $\alpha_2 = 90^o$

Für den Winkel φ gilt abschnittsweise

$$\varphi = \alpha \quad \text{für} \quad 0 \leq \alpha \leq \pi/3 \tag{82}$$

$$\varphi = \pi/3 \quad \text{für} \quad \pi/3 \leq \alpha \leq 2\pi/3 \tag{83}$$

6. Berechnung der Stromeffektivwerte

6.1. Definitionen

Um die Netzrückwirkungen und den Leistungsfaktor ermitteln zu können, müssen folgende Effektivwerte des Leiterstromes berechnet werden:

Gesamteffektivwert des Stromes: I_L

Effektivwert der Grundschwingung des Stromes: I_{1L}

Der Gesamteffektivwert I_L wird aus

$$I_L = \sqrt{\frac{1}{T} \int_0^T i_L^2(t)dt} \tag{84}$$

bestimmt.

Der Effektivwert der Grundschwingung des Leiterstromes wird aus den Fourierkoeffizienten berechnet. Für die Zeitfunktionen der Leiterströme i_L gilt folgende Symmetrieeigenschaft:

$$i_L(t+T/2) = -i_L(t) \tag{85}$$

Damit gilt für die Fourierkoeffizienten

$$\hat{i}_{(2k+1)La} = \frac{4}{T} \int_0^{T/2} i_L(t) \cos((2k+1)t)dt \tag{86}$$

$$\hat{i}_{(2k+1)Lb} = \frac{4}{T} \int_0^{T/2} i_L(t) \sin((2k+1)t)dt \tag{87}$$

Mit dem Effektivwert

$$I_{1L} = \sqrt{\frac{1}{2} (\hat{i}^2_{1La} + \hat{i}^2_{Lb})} \tag{88}$$

und dem Grundschwingungsschiebewinkel

$$\varphi_1 = -\arctan \frac{\hat{i}_{1La}}{\hat{i}_{1Lb}} + \varphi \tag{89}$$

kann die Grundschwingung des Leiterstromes durch

$$i_{1L}(\omega t) = \sqrt{2}\, I_{1L} \sin(\omega t - \varphi_1) \tag{9o}$$

dargestellt werden.

6.2 Ergebnisse

6.2.1 B6-Schaltung für Spannungsprofilsteuerung bei $i_d = I_d = \text{const.}$

Die Integration und Fourieranalyse des Netzstromes i_L liefert folgende Ergebnisse:

Bereich a: $0 \leq \alpha \leq \alpha_G$

$$\frac{I_L}{I_d} = \sqrt{\frac{2}{3}} \tag{91}$$

$$\frac{I_{1L}}{I_d} = \frac{\sqrt{6}}{\pi} \tag{92}$$

$$\varphi_1 = \alpha \tag{93}$$

Bereich b: $\alpha_G \leq \alpha \leq \alpha_G+\pi/3$

$$\frac{I_L}{I_d} = \sqrt{\frac{1}{3\pi}((\frac{\pi}{3}(10-(b+1)^2+\gamma_1(b^2-1)+\gamma_2((b+1)^2-4))} \tag{94}$$

$$\frac{\hat{i}_{1La}}{I_d} = \frac{2}{\sqrt{3}\pi}((\sin\gamma_1+\sin\gamma_2-\frac{\sqrt{3}}{2})(b-1)) \tag{95}$$

$$\frac{\hat{i}_{1Lb}}{I_d} = \frac{2}{\sqrt{3}\pi}((\cos\gamma_1+\cos\gamma_2)(1-b)+\frac{3}{2}(b+1)) \tag{96}$$

Bereich c: $\alpha_G+\pi/3 \leq \alpha \leq 2\pi/3$

$$\frac{I_L}{I_d} = \sqrt{\frac{1}{3\pi}(b^2(4\gamma_1+\gamma_2-5\pi/3)+(b+1)^2(2\pi/3-\gamma_1)+\pi-\gamma_2} \tag{97}$$

$$\frac{\hat{i}_{1La}}{I_d} = \frac{2}{\sqrt{3}\pi}(\sin\gamma_1+\sin\gamma_2-\frac{\sqrt{3}}{2})(b-1) \tag{98}$$

$$\frac{\hat{i}_{1Lb}}{I_d} = \frac{2}{\sqrt{3}\pi}((\cos\gamma_1+\cos\gamma_2)(1-b)+\frac{3}{2}(b+1) \tag{99}$$

Bereich d: $2\pi/3 \leq \alpha \leq \alpha_G+2\pi/3$

$$\frac{I_L}{I_d} = \sqrt{\frac{1}{3\pi}((b+1)^2(2\pi/3-\gamma_1)+b^2(3\gamma_o+\gamma_1+\gamma_2-2\pi/3)+\pi-\gamma_2)} \tag{100}$$

$$\frac{\hat{i}_{1La}}{I_d} = \frac{2}{\sqrt{3}\pi}(b(\sin\gamma_o-\sin\gamma_2-\sin\delta_1+\sin\delta_2+2\sin\delta_3-\frac{\sqrt{3}}{2})+$$
$$-\sin\gamma_1+\sin\gamma_2+\frac{\sqrt{3}}{2}) \tag{101}$$

$$\frac{\hat{i}_{1Lb}}{I_d} = \frac{2}{\sqrt{3}\pi}(b(\cos\delta_1-\cos\delta_2-2\cos\delta_3-\cos\gamma_o+\cos\gamma_2+3/2)$$
$$+\cos\gamma_1+\cos\gamma_2+3/2) \tag{102}$$

6.2.2 B6-Schaltung für Spannungsprofilsteuerung bei ohmscher Last

Bereich a: $0 \leq \alpha \leq \alpha_G$

$$\frac{I_L}{\hat{I}_L} = \sqrt{\frac{1}{4} + \frac{3\sqrt{3}}{8\pi}\cos 2\alpha} \tag{1o3}$$

$$\frac{\hat{I}_{1La}}{\hat{I}_L} = \left(\frac{1}{2} - \frac{3\sqrt{3}}{4\pi}\right)\sin\alpha \tag{1o4}$$

$$\frac{\hat{I}_{1Lb}}{\hat{I}_L} = \left(\frac{1}{2} + \frac{3\sqrt{3}}{4\pi}\right)\cos\alpha \tag{1o5}$$

Bereich b: $\alpha_G \leq \alpha \leq \alpha_G + \pi/3$

$$\begin{aligned}\left(\frac{I_L}{\hat{I}_L}\right)^2 = {} & \frac{1}{8}+\frac{3}{8\pi}(\sin(2\alpha+2\pi/3)+\sin(2\alpha_G+\pi/3)-2\alpha+2(\alpha_G+\pi/6)+ \\ & +\frac{(b^2+b+1)^2}{24\pi}(2(\alpha-\alpha_G)+\sin(4\alpha_G+2\pi/3)-\sin(2\alpha+2\alpha_G+2\pi/3))\end{aligned} \tag{1o6}$$

$$\begin{aligned}\frac{\hat{I}_{1La}}{\hat{I}_L} = {} & \frac{2}{\pi}\Big(\frac{3}{4}(\pi/3-\alpha+\alpha_G)\sin\alpha_G+\frac{\sqrt{b^2+b+1}}{4}(\alpha-\alpha_G) \\ & (b\sin(2\alpha_G+\pi/6)+\sin(2\alpha_G-\pi/6))+ \\ & +\frac{b}{8\sqrt{3}}\sqrt{b^2+b+1}\,(\cos(2\alpha_G+\pi/3)-\cos(2\alpha+\pi/3))+ \\ & +\frac{1}{8}(\cos(2\alpha-\alpha_G+\pi/3)+\cos\alpha_G)+\frac{b+1}{8\sqrt{3}}\sqrt{b^2+b+1}\,(\cos(2\alpha_G+2\pi/3)- \\ & -\cos(2\alpha+2\pi/3))+\frac{1}{4}(\cos(2\alpha-\alpha_G-2\pi/3)-\cos(\alpha_G+4\pi/3))+ \\ & +\frac{1}{8\sqrt{3}}\sqrt{b^2+b+1}\,(\cos 2\alpha-\cos 2\alpha_G)-\frac{1}{8}(\cos(2\alpha-\alpha_G)+\cos(\alpha_G-\pi/3))\Big)\end{aligned} \tag{1o7}$$

Ersetzt man in (1o7) die Sinusfunktion durch die Cosinusfunktion und umgekehrt, so erhält man die normierte Blindstromamplitude

$$\frac{\hat{I}_{1Lb}}{\hat{I}_L}.$$

Bereich c: $\alpha_G+\pi/3 \leq \alpha \leq 2\pi/3$

$$(\frac{I_L}{\hat{I}_L})^2 = \frac{3}{4\pi}b^4(\alpha-\alpha_G-\pi/3)+(\frac{b^2+b+1)^2}{12\pi}(2\pi/3-\alpha+\alpha_G)+$$

$$+\frac{3}{8\pi}b^4(\sin(2\alpha_G+2\pi/3)-\sin 2\alpha))+$$

$$+\frac{(b^2+b+1)}{24\pi}(\sin(2\alpha+2\alpha_G)-\sin(4\alpha_G+4\pi/3)) \qquad (108)$$

$$\frac{\hat{I}_{1La}}{\hat{I}_L} = \frac{2}{\pi}(\frac{\sqrt{b^2+b+1}}{4}(2\pi/3-\alpha+\alpha_G)(b\sin(2\alpha_G+\pi/6)+\sin(2\alpha_G-\pi/6))+$$

$$+\frac{3}{4}b^2(\alpha-\alpha_G-\pi/3)\sin\alpha_G+\frac{b^2}{8}(\cos(\alpha_G+\pi/3)-\cos(2\alpha-\alpha_G-\pi/3))+$$

$$+\frac{2b+1}{8\sqrt{3}}\sqrt{b^2+b+1}(\cos 2\alpha+\cos(2\alpha_G+\pi/3))+\frac{b^2}{4}(\cos(\alpha_G+2\pi/3) - \cos(2\alpha-\alpha_G))$$

$$- \frac{b^2}{8}(\cos(\alpha_G+\cos(2\alpha-\alpha_G+\pi/3))) \qquad (109)$$

Die normierte Blindstromamplitude $\frac{\hat{I}_{1Lb}}{\hat{I}_L}$ erhält man wieder durch Vertauschen der Winkelfunktionen.

Bereich d: $2\pi/3 \leq \alpha \leq \alpha_G+2\pi/3$

$$(\frac{I_L}{\hat{I}_L})^2 = \frac{b^4}{\pi}(\frac{3}{4}(\alpha-\alpha_G-\pi/3)+\frac{3\sqrt{3}}{8}+\frac{3}{8}(\sin(2\alpha_G+2\pi/3)-\sin(2\alpha-2\pi/3)))+$$

$$+\frac{(b^2+b+1)^2}{12\pi}(2\pi/3-\alpha+\alpha_G+\frac{1}{2}(\sin(2\alpha+2\alpha_G)-\sin(4\alpha_G+4\pi/3)) \qquad (110)$$

$$\frac{\hat{I}_{1La}}{\hat{I}_L} = \frac{2}{\pi}(\frac{b^2}{4}(\pi/3-\alpha_G)\sin(\alpha_G+\pi/3)+ \frac{b^2}{2}(\alpha-\alpha_G-\pi/3)(\sin\alpha_G +$$

$$+\frac{1}{2}\sin(\alpha_G-\pi/3))+\frac{\sqrt{b^2+b+1}}{4\sqrt{3}}(2\pi/3-\alpha+\alpha_G)(b\sin(2\alpha_G+\pi/3)+$$

$$+(b+1)\sin 2\alpha_G+\sin(2\alpha_G-\pi/3))-\frac{b^2}{4}(\alpha-2\pi/3)\sin(\alpha_G-2\pi/3)+$$

$$+\frac{b^2}{8}(\cos(\alpha_G+\pi/3)-\cos\alpha_G+\cos(5\pi/3-\alpha_G)-\cos(4\pi/3-\alpha_G)+$$

$$+\frac{b^2}{4}(\cos(2\pi/3-\alpha_G)-\cos(2\alpha-\alpha_G-2\pi/3)+\cos(\alpha_G+2\pi/3)$$

$$-\cos(4\pi/3-\alpha_G)+\frac{\sqrt{b^2+b+1}}{8\sqrt{3}}(b(\cos(2\alpha-\pi/3)+\cos 2\alpha_G+$$

$$+\cos 2\alpha+\cos(2\alpha_G+\pi/3)+\cos 2\alpha+\cos(2\alpha_G+\pi/3)+\cos(2\alpha+\pi/3)-$$

$$- \cos(2\alpha_G - \pi/3)) \tag{111}$$

Die normierte Blindstromamplitude $\hat{i}_{1Lb}/\hat{i}_L$ erhält man auch hier wieder durch Vertauschen der Winkelfunktonen.

6.2.3 B6-Schaltung bei ohmscher Last

Bereich a: $0 \leq \alpha \leq \pi/3$

$$\frac{I_L}{\hat{i}_L} = \sqrt{\frac{1}{4} + \frac{3\sqrt{3}}{8\pi}\cos 2\alpha} \tag{112}$$

$$\frac{\hat{i}_{1La}}{\hat{i}_L} = \left(\frac{1}{2} - \frac{3\sqrt{3}}{4\pi}\right)\sin\alpha \tag{113}$$

$$\frac{\hat{i}_{1Lb}}{\hat{i}_L} = \left(\frac{1}{2} + \frac{3\sqrt{3}}{4\pi}\right)\cos\alpha \tag{114}$$

Bereich b: $\pi/3 \leq \alpha \leq 2\pi/3$

$$\frac{I_L}{\hat{i}_L} = \sqrt{\frac{1}{2} - \frac{3\alpha}{4\pi} + \frac{3}{8\pi}\sin(2\alpha + 2\pi/3)} \tag{115}$$

$$\frac{\hat{i}_{1La}}{\hat{i}_L} = \frac{1}{2}\left(\sqrt{3} - \frac{3\sqrt{3}}{2\pi}\alpha - \frac{3}{4\pi} + \frac{3}{2\pi}\cos(2\alpha + \pi/3)\right) \tag{116}$$

$$\frac{\hat{i}_{1Lb}}{\hat{i}_L} = \frac{1}{2}\left(1 - \frac{3}{2\pi}\alpha + \frac{3\sqrt{3}}{4\pi} + \frac{3}{2\pi}\sin(2\alpha + \pi/3)\right) \tag{117}$$

7. Berechnung und Darstellung der Netzrückwirkungen und des Leistungsfaktors einer Stromrichterschaltung mit Spannungsprofilsteuerung

7.1 Berechnung

Die Verschiebung der Grundschwingung des Stromes zur zugehörigen Sternspannung erzeugt eine Verschiebungsblindleistung. Zudem sind die Leiterströme nichtsinusförmig, sodaß das Netz zusätzlich mit Verzerrungsblindleistung belastet wird.

In diesem Abschnitt sollen die genannten Größen berechnet werden.

Bei einer idealen Stromrichterschaltung ohne Energiespeicher muß die im Verbraucher umgesetzte Wirkleistung gleich der aus dem Netz aufgenommenen Wirkleistung sein.

$$P_{LW} = P_{di\alpha} \tag{118}$$

7.1.1 Berechnung für $i_d = I_d$ = const.

Mit

$$P_{di\alpha} = U_{di\alpha}\, I_d = a\, U_{di}\, I_d \tag{119}$$

und

$$P_{di} = U_{di}\, I_d \tag{120}$$

folgt für die auf Vollaussteuerung bezogene, netzseitige Wirkleistung

$$\frac{P_{LW}}{P_{di}} = a \tag{121}$$

Dieser Zusammenhang ist schon in 2. für die einzelnen Bereiche berechnet worden.

Bei Stromsymmetrie, d.h. $I_{L1} = I_{L2} = I_{L3} = I_L$, gilt für die netzseitige Scheinleistung P_L

$$P_L = 3\, U_{LN}\, I_L \tag{122}$$

Wegen $U_{di} = \frac{3\sqrt{3}}{\pi}\, \hat{U}_{LN} = \frac{3}{\pi}\sqrt{6}\, U_{LN}$

kann (122) auf P_{di} normiert werden. Man erhält

$$\frac{P_L}{P_{di}} = \frac{\pi}{\sqrt{6}} \frac{I_L}{I_d} \tag{123}$$

Die bezogene Gesamtblindleistung P_{LQ}/P_{di} wird aus

$$\frac{P_{LQ}}{P_{di}} = \sqrt{(\frac{P_L}{P_{di}})^2 - (\frac{P_{LW}}{P_{di}})^2} \tag{124}$$

berechnet. Durch Einsetzen von (121) und (123) in (124) bekommt man

$$\frac{P_{LQ}}{P_{di}} = \sqrt{\frac{\pi^2}{6} (\frac{I_L}{I_d})^2 - a^2} \tag{125}$$

Für die bezogene Grundschwingungsscheinleistung P_{1L}/P_{di} gilt:

$$\frac{P_{1L}}{P_{di}} = \frac{3\, U_{LN} I_{1L}}{P_{di}} = \frac{\pi}{\sqrt{6}} \frac{I_{1L}}{I_d} \tag{126}$$

$$P_{1L} = \frac{\pi}{12} \sqrt{(\frac{\hat{I}_{1La}}{I_d})^2 + (\frac{\hat{I}_{1Lb}}{I_d})^2} \tag{127}$$

Die bezogene Grundschwingungsblindleistung P_{1LQ}/P_{di} wird aus

$$\frac{P_{1LQ}}{P_{di}} = \frac{P_{1L}}{P_{di}} \cdot \sin\varphi_1 \tag{128}$$

und die bezogene Verzerrungsblindleistung P_{LQV}/P_{di}

aus

$$\frac{P_{LQV}}{P_{di}} = \sqrt{(\frac{P_L}{P_{di}})^2 - (\frac{P_{1L}}{P_{di}})^2} \tag{129}$$

berechnet.

Eine weitere wichtige Größe ist der Leistungsfaktor λ_L der Stromrichterschaltung. Es gilt:

$$\lambda_L = \frac{P_{LW}}{P_L} = \frac{\sqrt{6}}{\pi}\, a\, \frac{I_d}{I_L} \tag{13o}$$

7.1.2 Berechnung bei ohmscher Last

Bei ohmscher Last wird die vom Stromrichter abgegebene Wirkleistung aus

$$P_{di\alpha} = \frac{U^2_{di\alpha\ eff}}{R} \qquad (131)$$

berechnet. Für B6-Schaltungen nach dem Verfahren der Spannungsprofilsteuerungen ist der Effektivwert der Ausgangsspannung aus 2. bekannt. Mit

$$P_{di} = \frac{\hat{u}^2_{di}}{2R}\left(1 + \frac{3\sqrt{3}}{2\pi}\right) = \frac{3\hat{u}^2_{so}}{2R}\left(1 + \frac{3\sqrt{3}}{2\pi}\right) =$$

$$= \frac{3}{4}\,\hat{u}_{so}\hat{i}_L\left(1 + \frac{3\sqrt{3}}{2\pi}\right) \qquad (132)$$

folgt

$$\frac{P_{di\alpha}}{P_{di}} = \frac{2}{3\left(1 + \frac{3\sqrt{3}}{2\pi}\right)}\left(\frac{U_{di\alpha\ eff}}{\hat{u}_{so}}\right)^2 . \qquad (133)$$

Für B6-Schaltungen gelten bereichsweise folgende Zusammenhänge:

$0 \leq \alpha \leq \pi/3$

$$\frac{P_{di\alpha}}{P_{di}} = \frac{1}{1 + \frac{3\sqrt{3}}{2\pi}}\left(1 + \frac{3\sqrt{3}}{2\pi}\cos 2\alpha\right) \qquad (134)$$

$\pi/3 \leq \alpha \leq 2\pi/3$

$$\frac{P_{di\alpha}}{P_{di}} = \frac{2}{1 + \frac{3\sqrt{3}}{2\pi}}\left(1 - \frac{3\alpha}{2\pi} - \frac{3}{4\pi}\sin(2\alpha - \pi/3)\right) \qquad (135)$$

Aus (122) und (132) erhält man für die auf P_{di} bezogene netzseitige Scheinleistung

$$\frac{P_L}{P_{di}} = \frac{2\sqrt{2}}{1 + \frac{3\sqrt{3}}{2\pi}} \frac{I_L}{\hat{I}_L} \qquad (136)$$

und für die bezogene Grundschwingungsscheinleistung

$$\frac{P_{1L}}{P_{di}} = \frac{2\sqrt{2}}{1 + \frac{3\sqrt{3}}{2\pi}} \frac{I_{1L}}{\hat{I}_L} \quad . \qquad (137)$$

Darüberhinaus gelten auch hier (124), (128), (129) und (13o).

7.2 Darstellung und Diskussion der Ergebnisse

In Bild 46 bis Bild 49 sind alle stationären Netzkenngrößen als Funktionen der Aussteuerung bei i_d = const. dargestellt. Parameter ist das Spannungsverhältnis b.

Der Fall b = O stellt einen Sonderfall dar. Hierfür können die Ergebnisse mit denen in /4/ verglichen werden, da die Schaltung dann eine Drehstrombrückenschaltung mit dreiphasig wirkenden Freilaufdioden darstellt.

Für ohmsche Last können die stationären Netzkenngrößen als Funktionen der Aussteuerung den Bildern 5o bis 53 entnommen werden.

Das Spannungsverhältnis b bestimmt den Zeitpunkt, in dem die ungesteuerte Brücke wirksam werden kann. Je größer das Spannungsverhältnis b ist, desto früher kann auf die Ventile V7 - V12 (Bild 1) kommutiert werden, und umso geringer sind die Netzrückwirkungen.

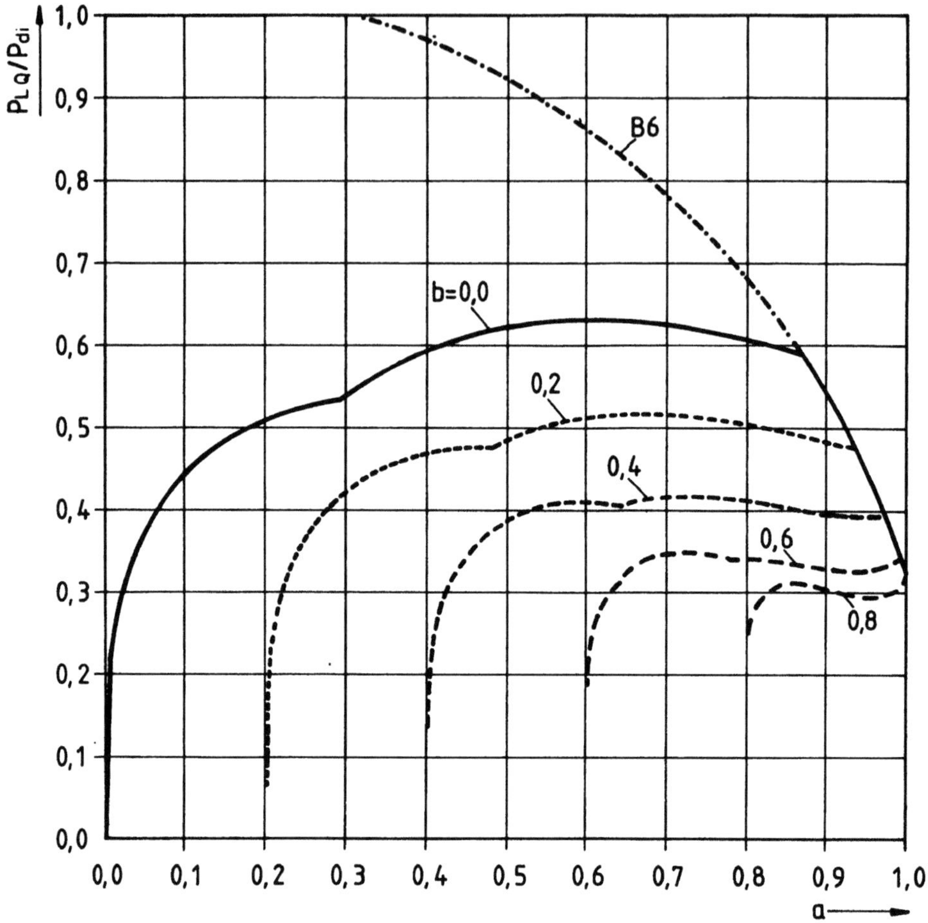

Bild 46: Bezogene Gesamtblindleistung P_{LQ}/P_{di} einer 6pulsigen Stromrichterschaltung mit Spannungsprofilsteuerung als Funktion der Aussteuerung a bei i_d = const.
Parameter: Spannungsverhältnis b
Strichpunktierte Vergleichskurve: B6-Schaltung

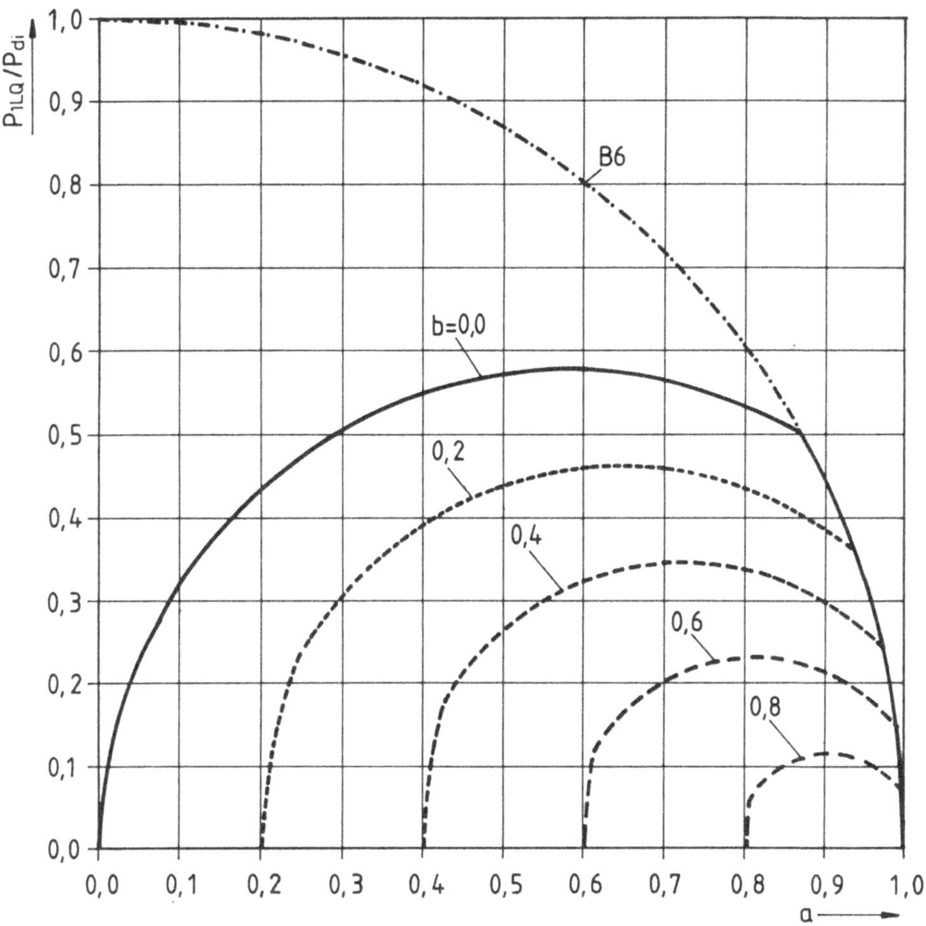

Bild 47: Bezogene Grundschwingungsblindleistung P_{1LQ}/P_{di} einer 6pulsigen Stromrichterschaltung mit Spannungsprofilsteuerung als Funktion der Aussteuerung a bei i_d = const.
Parameter: Spannungsverhältnis b
Strichpunktierte Vergleichskurve: B6-Schaltung

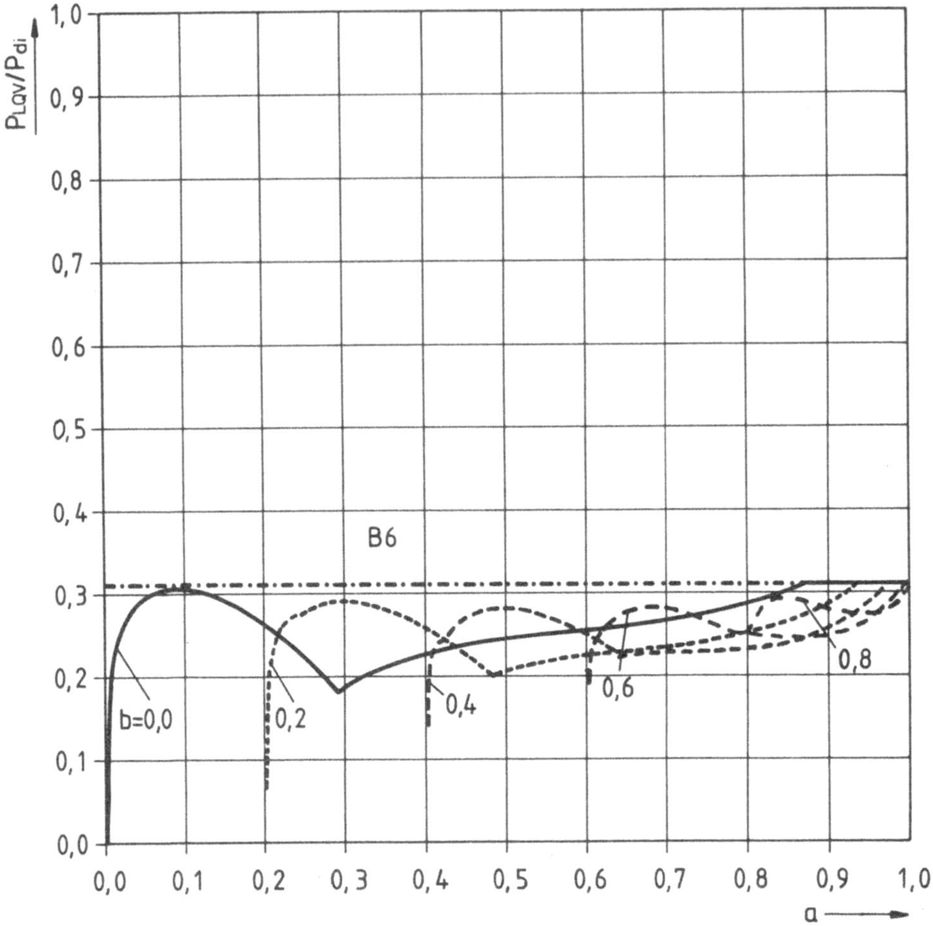

Bild 48: Bezogene Verzerrungsblindleistung P_{LQV}/P_{di} einer 6pulsigen Stromrichterschaltung mit Spannungsprofilsteuerung als Funktion der Aussteuerung a bei i_d = const.

Parameter: Spannungsverhältnis b

Strichpunktierte Vergleichskurve: B6-Schaltung

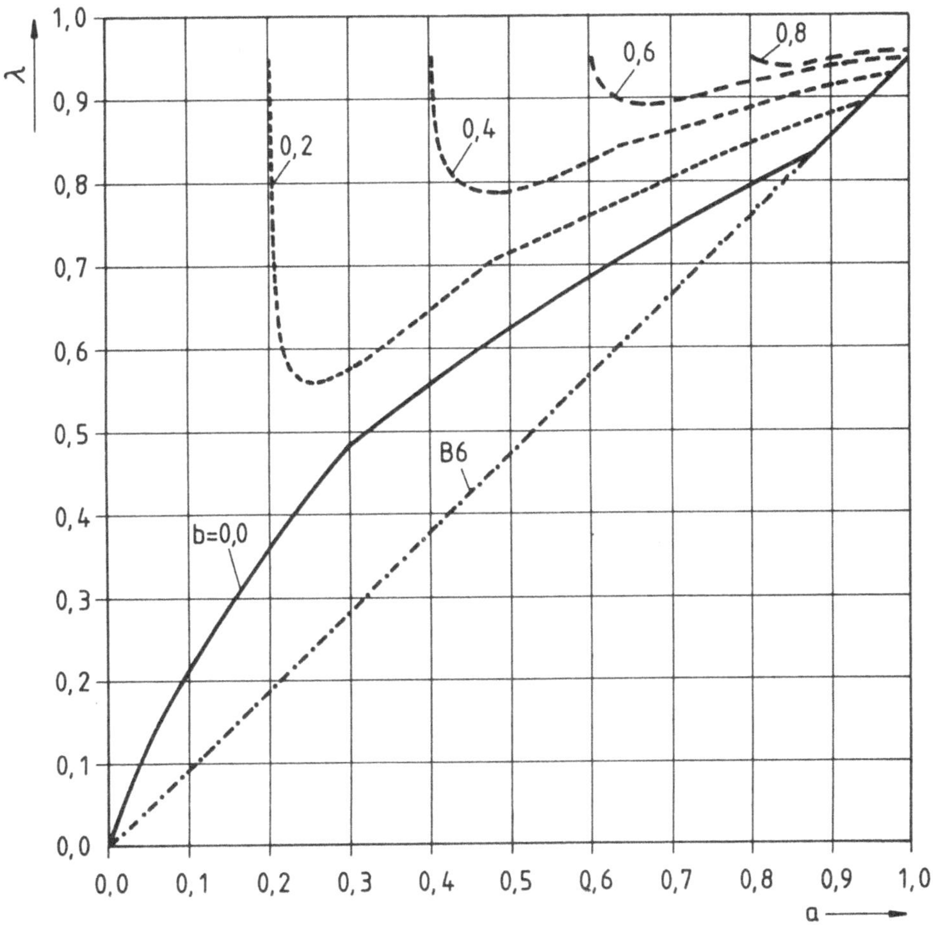

Bild 49: Leistungsfaktor λ_L einer 6pulsigen Stromrichterschaltung mit Spannungsprofilsteuerung als Funktion der Aussteuerung a bei i_d = const.
Parameter: Spannungsverhältnis b.
Strichpunktierte Vergleichskurve: B6-Schaltung.

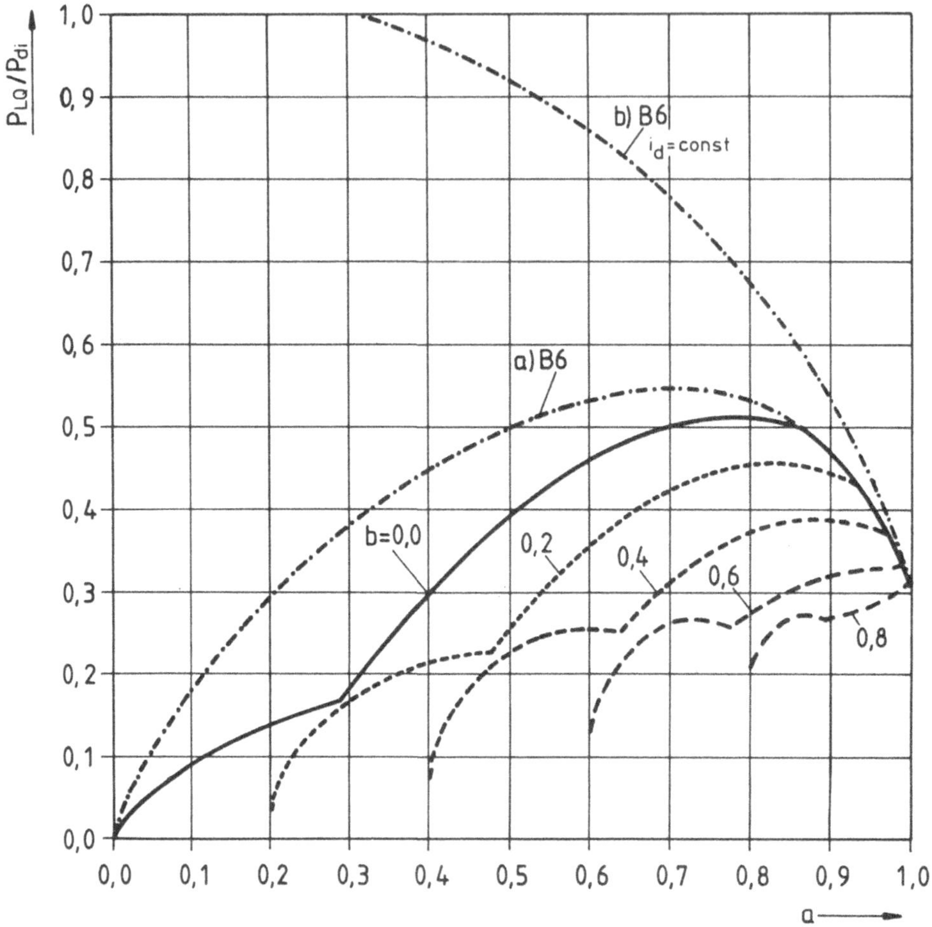

Bild 5o: Bezogene Gesamtblindleistung P_{LQ}/P_{di} einer 6pulsigen Stromrichterschaltung mit Spannungsprofilsteuerung als Funktion der Aussteuerung a bei ohmscher Last.
Parameter: Spannungsverhältnis b
Strichpunktierte Vergleichskurven:
a) B6-Schaltung
b) B6-Schaltung bi i_d = const.

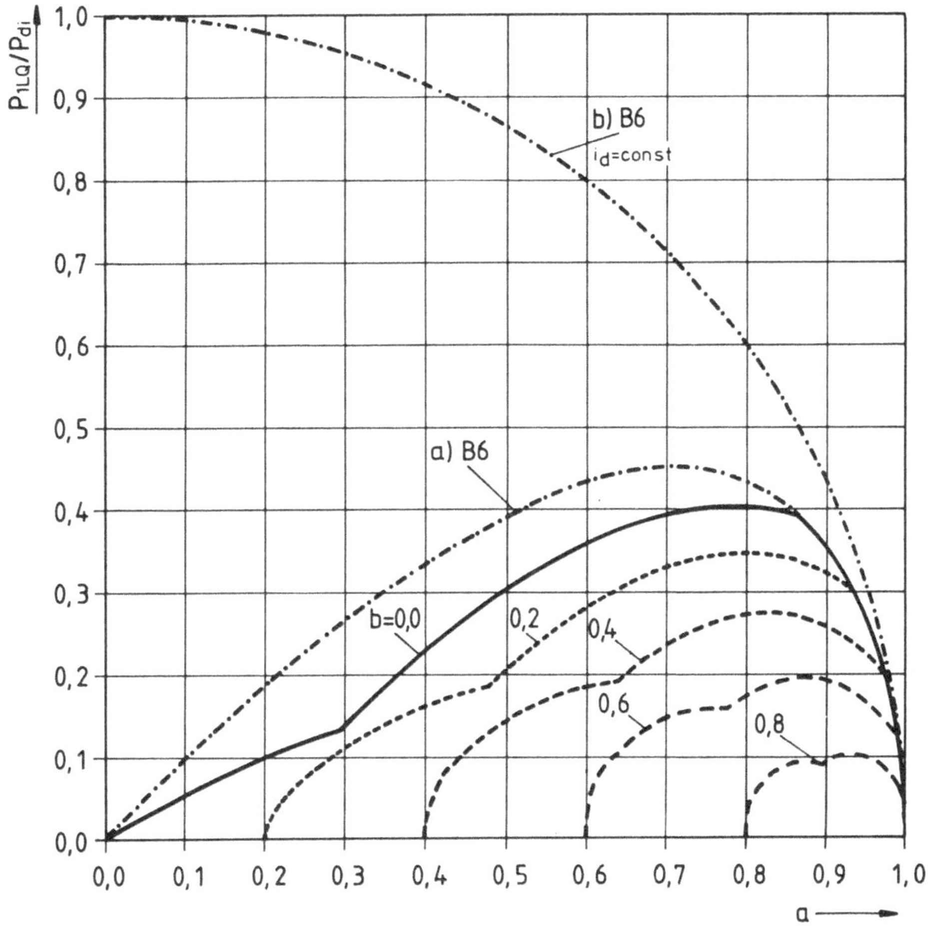

<u>Bild 51:</u> Bezogene Grundschwingungsblindleistung P_{1LQ}/P_{di} einer 6pulsigen Stromrichterschaltung mit Spannungsprofilsteuerung als Funktion der Aussteuerung a bei ohmscher Last.
Parameter: Spannungsverhältnis b
Strichpunktierte Vergleichskurven:
a) B6-Schaltung
b) B6-Schaltung bei i_d = const.

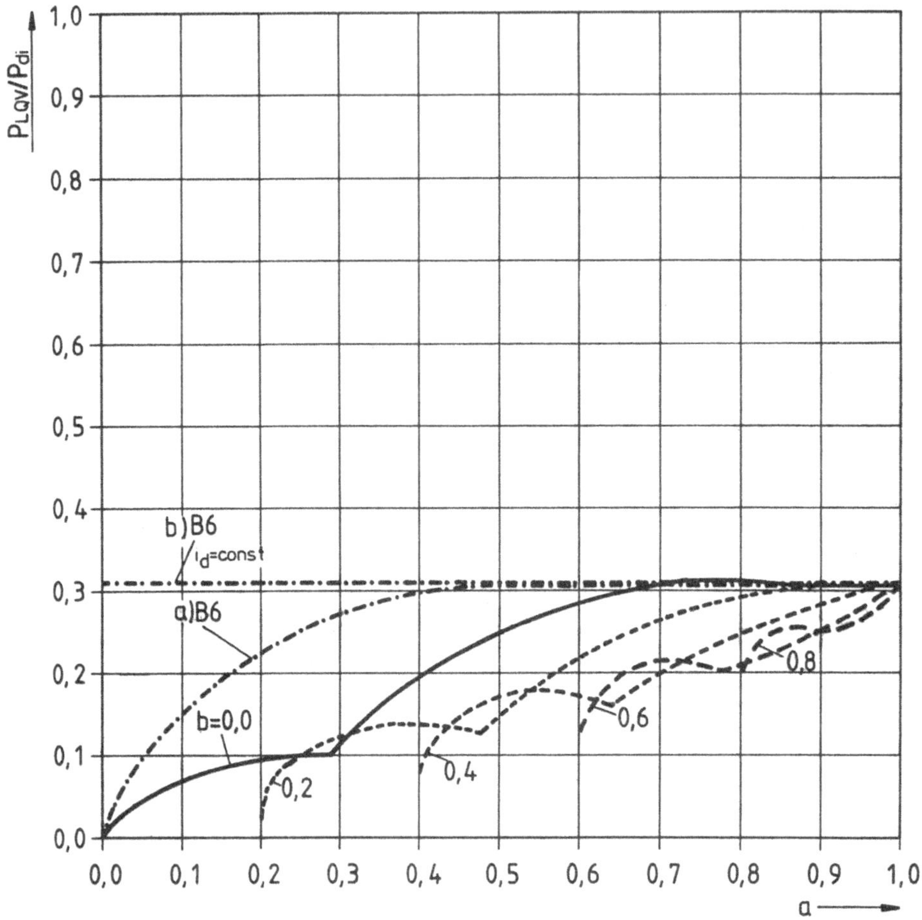

Bild 52: Bezogene Verzerrungsblindleistung P_{LQV}/P_{di} einer 6pulsigen Stromrichterschaltung mit Spannungsprofilsteuerung als Funktion der Aussteuerung a bei ohmscher Last.
Parameter: Spannungsverhältnis b
Strichpunktierte Vergleichskurven:
a) B6-Schaltung
b) B6-Schaltung bei i_d = const.

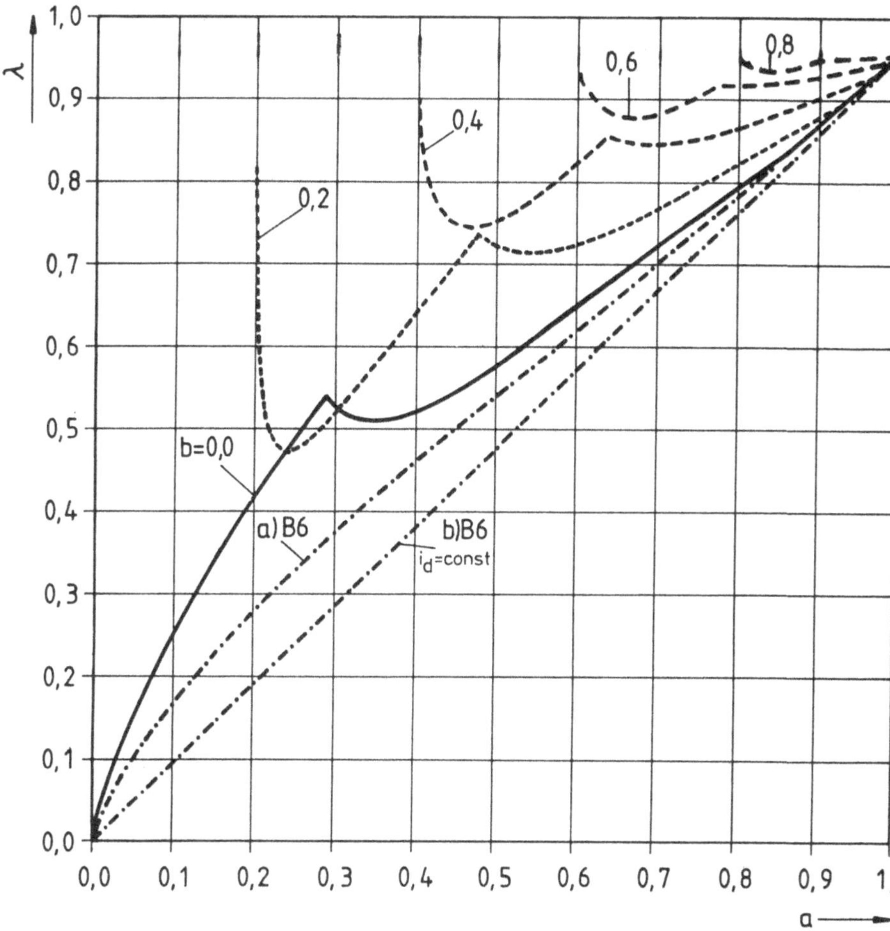

Bild 53: Leistungsfaktor λ_L einer 6pulsigen Stromrichterschaltung mit Spannungsprofilsteuerung als Funktion der Aussteuerung a bei ohmscher Last.
Parameter: Spannungsverhältnis b
Strichpunktierte Vergleichskurven:
a) B6-Schaltung
b) B6-Schaltung bei i_d = const.

8. Drehstrombrückenschaltung für Spannungsprofilsteuerung mit nichteingeschränktem Aussteuerbereich

Der Einsatz als Gleichrichter für galvanotechnische Prozesse soll hier im Vordergrund stehen. Die weiteren Betrachtungen beschränken sich daher auf den Einquadrantenbetrieb, wenn auch im Prinzip Wechselrichterbetrieb möglich ist. Dieser Betriebsfall erfordert wegen der Wechselrichtertrittgrenzen eine gesonderte Analyse. Die Ausgangsspannung der Schaltung Bild 1 kann nur im Bereich

$$b\,U_{di} \leq U_d \leq U_{di}$$

verstellt werden. Ersetzt man die ungesteuerten Ventile einer Kommutierungsgruppe durch steuerbare Ventile, so erhält man als Teilschaltung eine halbgesteuerte Drehstrombrücke mit der Versorgungsspannung bU_S. Mit dieser Anordnung kann bei ohmscher Last die Aussteuerung stetig bis auf den Wert Null verringert werden. Es sind zwei Bereiche der Aussteuerung zu unterscheiden.

Im Bereich $b\,U_{di} \leq U_d \leq U_{di}$ besteht Spannungsprofilsteuerung wobei die halbgesteuerte B6-Schaltung mit dem Steuerwinkel $\alpha_H = 0^o$ betrieben wird. Im zweiten Bereich gilt $U_d \leq b\,U_{di}$. Hier werden die Zündimpulse der vollgesteuerten B6-Schaltung gesperrt und die halbgesteuerte übernimmt die Spannungsstellung.

Im Bereich der Spannungprofilsteuerung ist der Maximalwert der Welligkeit der Ausgangsspannung vom Spannungsverhältnis b abhängig.

Bei Vollaussteuerung werden die Ventile der halbgesteuerten Teilschaltung stromlos.

Durch die Kaskadierung von von mehr als zwei Teilschaltungen ist der Betrieb mit Spannungsprofilsteuerung in mehreren aneinandergrenzenden Aussteuerungsbereichen möglich. Die Teilschaltungen werden jeweils mit symmetrischen Drehspannungssystemen gespeist, deren Amplitudenwerte definiert abgestuft sind. Dabei kann die Welligkeit in einem großen zusammenhängenden Aussteuerungsbereich fast beliebig klein gehalten werden. Der Ventilaufwand steigt entsprechend der Zahl der Teilschaltungen an. Ein Ausführungsbeispiel mit n Teilschaltungen zeigt Bild 54.

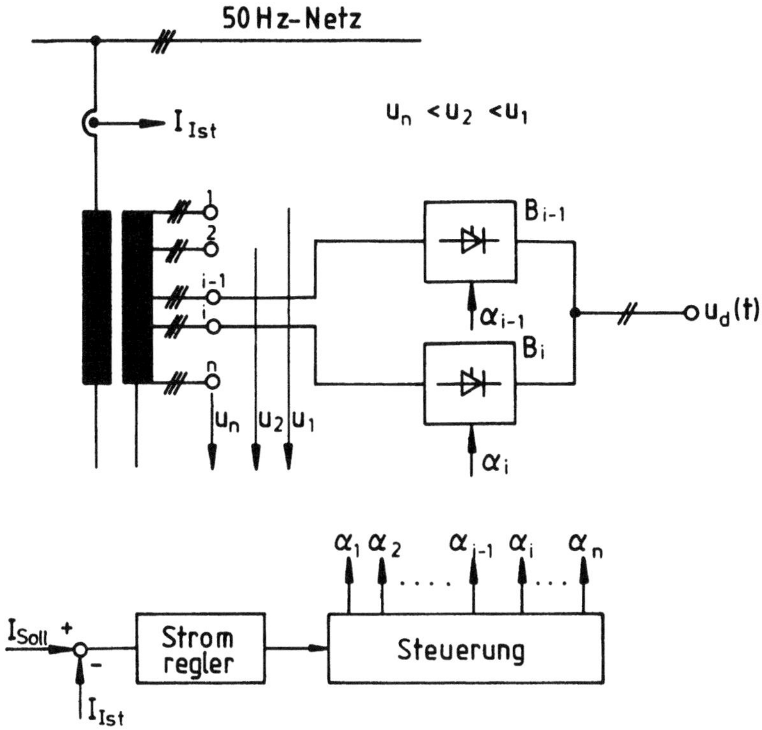

Bild 54: Stromrichter für n-stufige Spannungsprofilsteuerung nit n gesteuerten Teilschaltungen.

Hier ermöglichen beispielsweise die Teilschaltungen B_{i-1} und B_i eine Verstellung des Ausgangsspannungsmittelwertes im Bereich

$$b_i\ U_{di} \leq U_d \leq b_{i-1}\ U_{di}.$$

In diesem Bereich erhalten die anderen Teilschaltungen keine Zündimpulse und bleiben somit stromlos.

Wenn die Aussteuerungsgrenze der Ausgangsspannung unter dem Grenzwert b_{i-1} sinken soll, werden die Zündimpulse der Teilschaltung B_i gesperrt und die für die Teilschaltung B_{i-2} zur Zündung freigegeben. Auf diese Art kann die Ausgangsspannung bei geringer Welligkeit über einen großen Bereich mit der bei netzgeführten Stromrichtern üblichen geringen

Verzögerung verstellt werden. Bei geringeren Anforderungen an die Verstellgeschwindigkeit kann die Anzahl der Teilschaltungen bis auf zwei reduziert werden. Die verbleibenden Teilschaltungen können über mechanische Schaltglieder an die jeweils richtigen Transformatorwicklungen gelegt werden. Durch derartige Maßnahmen sind erhebliche Kosteneinsparungen möglich.

In Bild 55 ist als Beispiel eine Schaltung gezeigt, die unter Verwendung von nur zwei gesteuerten B6-Schaltungen die Funktion einer n-stufigen Spannungsprofilsteuerung besitzt. In einem beliebigen Teilbereich der Aussteuerung sind jeweils nur zwei dreipolige Schaltglieder betätigt. Erreicht die Aussteuerung die untere oder obere Bereichsgrenze, wird eine der Teilschaltungen stromlos. Die Schaltglieder brauchen daher nicht unter Last umzuschalten. Dieses erhöht die Lebensdauer der Schaltglieder und macht sie nahezu wartungsfrei.

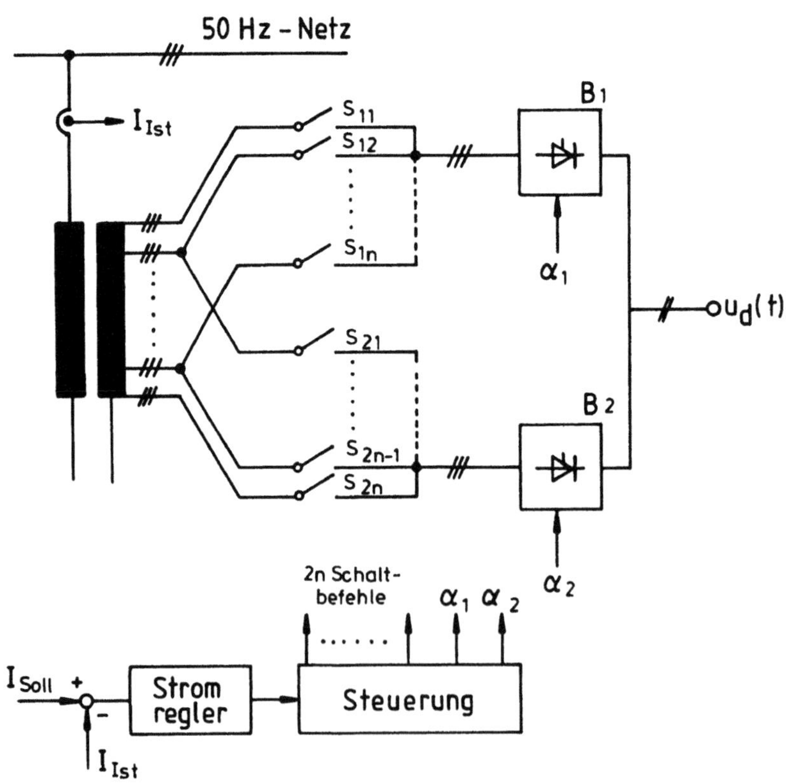

Bild 55: n-stufige Spannungsprofilsteuerung mit zwei B6-Schaltungen.

9. Aufbau und Betrieb einer Stromrichterschaltung mit Spannungsprofilsteuerung

9.1 Zweistufige Schaltung für drehstromseitige Steuerung

Für die Anwendung in Galvanikanlagen bei extrem niedrigen Ausgangsspannungen (z.B. 6 V) und hohen Gleichströmen können die bisher betrachteten Schaltungsanordnungen aus zwei Gründen nicht eingesetzt werden:

1. Das Parallelschalten einer großen Anzahl von steuerbaren Ventilen ist unwirtschaftlich.
2. Da die Durchlaßspannungen der Ventile in der Größenordnung der Ausgangsspannung liegen, ist der Wirkungsgrad gering.

Es wird hier sinnvoll, die Funktionen "Steuern" und "Gleichrichten" in getrennten Anlagenteilen durchzuführen. Die steuerbaren Ventile werden hiernach auf der Drehstromseite angeordnet, wo wegen der hohen Spannung nur geringe Ströme geschaltet werden müssen. Ein nachgeordneter Hochstromtransformator paßt die gesteuerte Spannung dem Verbraucher an, dem sie über einen ungesteuerten Gleichrichter zugeführt wird.

Der ungesteuerte Gleichrichter auf der Hochstromseite wird zweckmäßig als 6pulsige Saugdrosselschaltung (DSS) ausgeführt, weil bei dieser Schaltung die Ventilverluste geringer sind als bei der sonst gebräuchlichen Brückenschaltung (B6).

In Bezug auf die Netzrückwirkungen ist die DSS-Schaltung der symmetrisch gesteuerten B6-Schaltung äquivalent. Daher wurde für die experimentelle Untersuchung des Steuerverhaltens für den ungesteuerten Gleichrichter die leichter aufzubauende Brückenschaltung verwendet. Das Schaltbild der ausgeführten Anlage ist in Bild 56 dargestellt.

Die auf der drehstromseite angeordneten steuerbaren Ventile haben die Funktion, die Kommutierung der nichtsteuerbaren Gleichrichterventile in gleicher Weise wie bei einem steuerbaren Gleichrichter zu einem wählbarem Zündzeitpunkt einzuleiten. Entsprechend dieser Wirkungsweise bilden die drehstromseitigen Ventile ein Stellglied für die Kommutierungen zwischen den nichtsteuerbaren Ventilen. Die Anordnung der drehstromseitigen Ventile kann daher als Kommutierungsstellglied bezeichnet werden.

Bei der Schaltung Bild 56 besteht das Kommutierungsstellglied aus zwei Teilgliedern, wobei das Teilglied 1 eingangsseitig an ein symmetrisches Drehspannungssystem höherer Amplitude angeschlossen ist als das Teilglied 2. Ausgangsseitig sind die beiden Teilglieder parallel geschaltet. Da wegen der Anschnittssteuerung durch das Teilglied 2 der Transformator TR1 für das Netz unsymmetrisch belastet wird, muß er entweder über ein Vierleitersystem mit angeschlossenem Sternpunkt oder mit einer Ausgleichswicklung betrieben werden. Die letztgenannte Betriebsart kann in der Regel bevorzugt werden, weil nur dann das speisende Netz symmetrisch belastet wird.

Unter dem Einfluß des ungesteuerten Gleichrichters finden Kommutierungen zwischen verschiedenen Phasen eines Teilgliedes statt. Im Bereich der Spannungsprofilsteuerung wird auch zwischen den Teilgliedern kommutiert. Der Betrieb mit nur einem Teilglied wird hier nicht näher erläutert. Eine Beschreibung findet man in /9/.

Bezüglich der Ausgangsspannung u_d und des Aussteuerungsgrades a verhält sich die Schaltung im Bereich der Spannungsprofilsteuerung wie die Schaltung in Bild 1. Die Versuchsanlage wurde für eine Ausgangsspannung U_{do} = 11o V, einen Laststrom I_d = 6o A und ein Spannungsverhältnis b = o,5 dimensioniert.

9.1.1 Steuerung der Ausgangsspannung

Im Bereich

$$o \leq U_d \leq o{,}5U_{do}$$

werden die Zündimpulse für das Teilglied 1 gesperrt und der Zündwinkel α_2 des Teilgliedes 2 kontinuierlich zwischen

$$5\pi/6 \geq \alpha_2 \geq 0$$

verstellt.

Im Bereich $$o{,}5U_{do} \leq U_d \leq U_{do}$$

wird der Zündwinkel α_2 konstant auf Null gehalten und der Zündwinkel α_1 zwischen

$$\alpha_G+\pi/2 \geq \alpha_1 \geq 0$$

verändert.

Kommutierungsstellglied

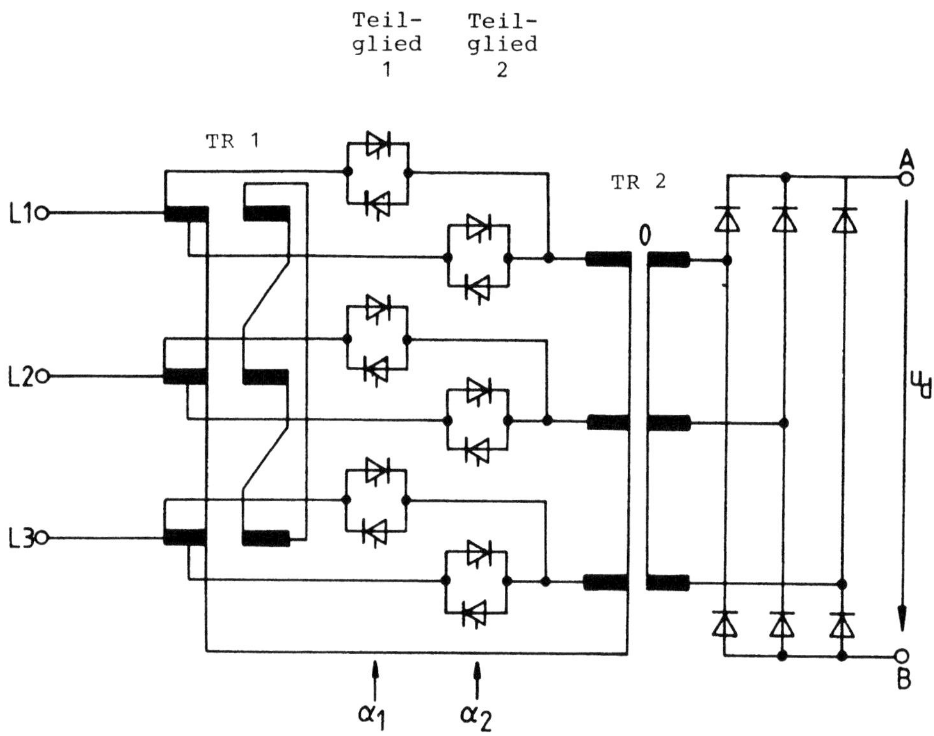

Bild 56: Zweistufe Stromrichterschaltung mit Spannungsprofilsteuerung

Die in 2.2 für eine Schaltung mit gleichstromseitiger Steuerung theoretisch ermittelten Zeitverläufe der Ausgangsspannung stellen sich in gleicher Form auch bei Schaltung mit drehstromseitiger Steuerung ein. Die Bilder 57 a bis 57 f zeigen dies für den gesamten Aussteuerungsbereich in Abhängigkeit von den Steuerwinkeln α_1 und α_2.

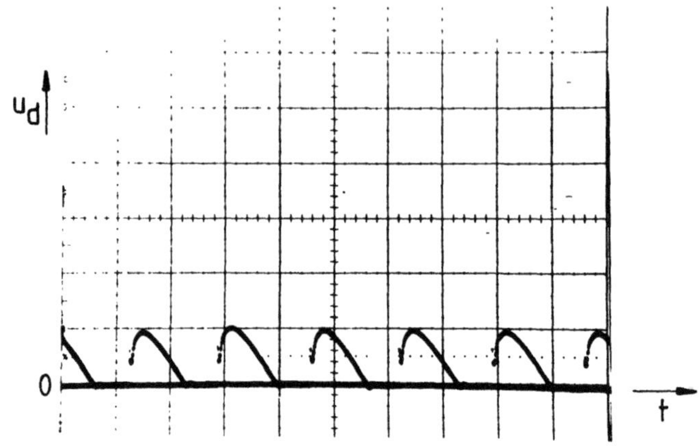

Bild 57 a: Teilglied 1 gesperrt, $\alpha_2 \approx 110^{\circ}$

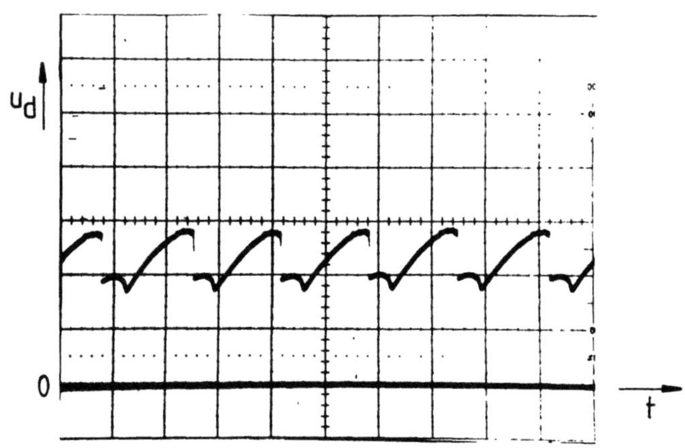

Bild 57 b: Teilglied 1 gesperrt, $\alpha_2 \approx 45^{\circ}$

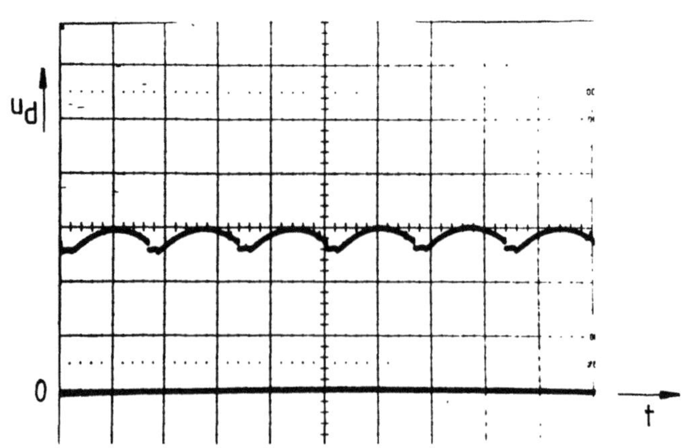

Bild 57 c: Teilglied 1 gesperrt, $\alpha_2 = 0^{\circ}$

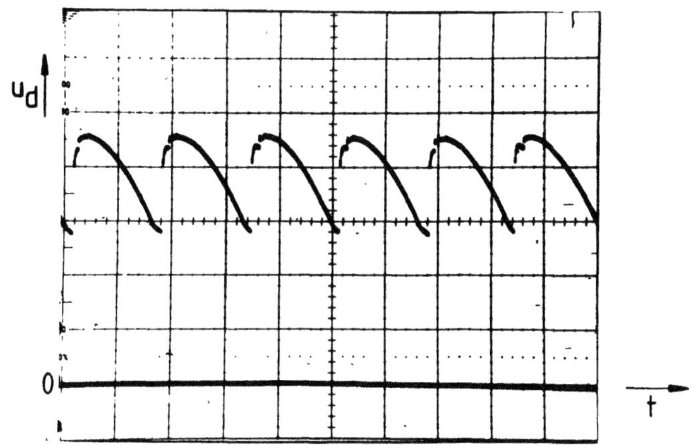

Bild 57 d: $\alpha_1 \approx 100^o$, $\alpha_2 = 0^o$

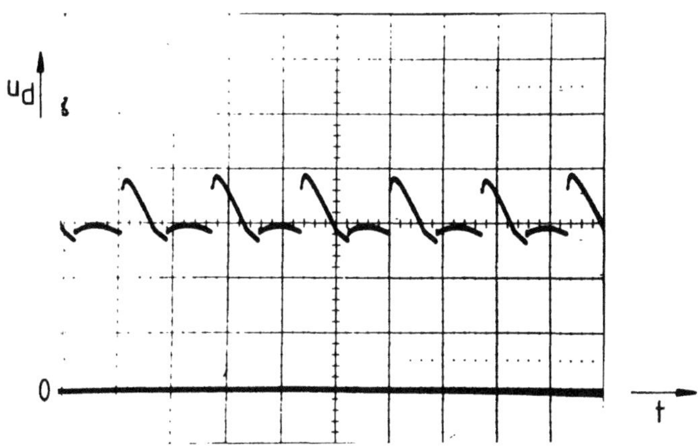

Bild 57 e: $\alpha_1 \approx 70^o$, $\alpha_2 = 0^o$

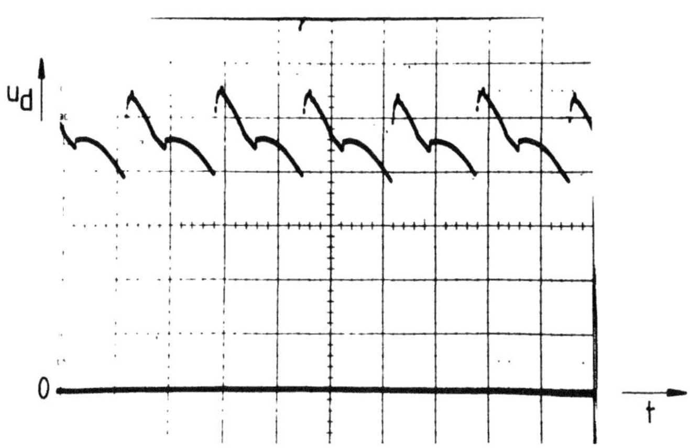

Bild 57 f: $\alpha_1 \approx 45^o$, $\alpha_2 = 0^o$

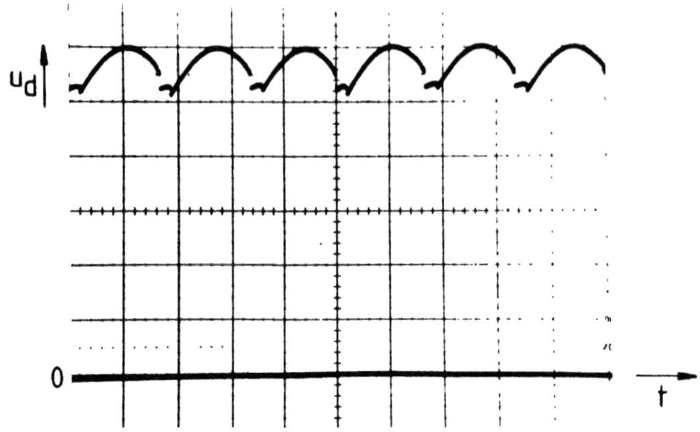

Bild 57 g: $\alpha_1 = 0^o$, $\alpha_2 = 0^o$

Bild 57 a bis 57 g: Ausgangsspannung einer zweistufigen Stromrichterschaltung mit Spannungsprofilsteuerung, y-Ablenkung 2o V/DIV, Zeitachse 2 ms/DIV

9.1.2 Kurzschlußschutz der Anlage

Bei elektrochemischen Prozessen kommt dem Kurzschlußschutz der Anlage eine besondere Bedeutung zu. Ein im Bad auftretender Kurzschluß sollte zum zerstörungsfreien Abschalten der Anlage führen. Nach Beseitigung der Ursache sollte die Anlage wieder betriebsbereit sein. Diese Aufgabe können Anlagen nicht erfüllen, die nach dem jetzigen Stand der Technik mit Stelltransformatoren als Spannungsstellgliedern ausgeführt sind. Bei der Versuchsanlage mit Spannungsprofilsteuerung kann die elektronische Steuerung auch als Kurzschlußschutz eingesetzt werden. Dies geschieht in einfacher Weise durch ein Sperren der Zündimpulse bei Überlast. Die Höhe des transienten Kurzschlußstroms wird dann durch die Transformatorimpedanzen auf zulässige Werte begrenzt.

9.1.3 Messung der Welligkeit der Ausgangsspannung als Funktion der Aussteuerung

Will man die Welligkeit der Ausgangsspannung ermitteln, müssen die Spannungen $U_{d\alpha\ eff}$ und $U_{d\alpha}$ gemessen werden. Nach (4) kann dann die Welligkeit aus den Meßgrößen berechnet werden. Zur Darstellung der Welligkeit als Funktion der Ausgangsspannung sind bei stark nichtlinearem Verlauf dieser Kurve sehr viele

Messungen notwendig. Änderungen der Stromrichterschaltung die einen anderen Verlauf der Ausgangsspannung zur Folge haben zwingen dazu, den beschriebenen Vorgang zu wiederholen. Zweckmäßigerweise wird deshalb die Messung und Auswertung mithilfe eines Prozeßrechners durchgeführt. Das Prinzipschaltbild der Anordung zur ON-LINE-Messung und Auswertung zeigt Bild 58.

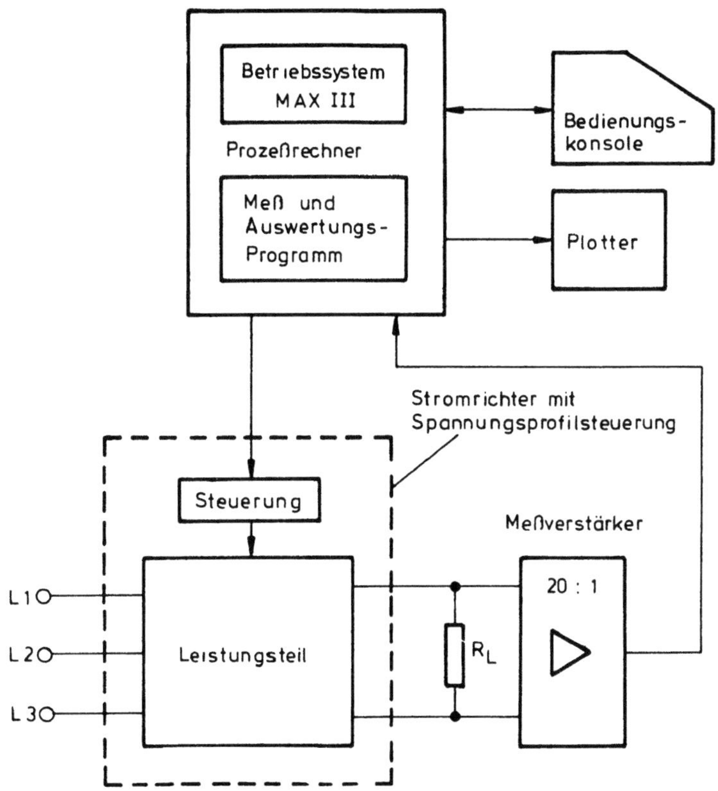

Bild 58: Prinzipdarstellung der Meßanordnung zur on-line-Messung der Welligkeit einer Stromrichterschaltung

Die Analogeingabeschnittstelle des Prozeßrechners ist in der Lage, ein kontinuierliches Signal, dessen Spannungsbereich $\pm$ 1o V betragen darf, alle 2o µs in ein entsprechendes digitales Signal zu wandeln. Bei einem Signal der Grundschwingungsfrequenz 5o Hz entspricht dieses einer Abtastung je o,36 Winkelgrad. Nach dem Theorem von Shannon muß das zu messende Frequenzspektrum eine obere Grenzfrequenz von

$$f_g = \frac{1}{2 \cdot 2o\mu s} = 25 \text{ kHz}$$

haben. Ist diese Bedingung nicht erfüllt, muß das Signal über einen Tiefpaß ausgekoppelt werden, damit die nicht erfaßbaren Frequenzkomponenten keinen Meßfehler verursachen. Die Grundschwingung der Ausgangsspannung hat eine Frequenz f = 3oo Hz. Das bedeutet, daß bei einer Grenzfrequenz f_g = 25 kHz die 83. Oberschwingung noch erfaßt werden kann. Oberschwingungen dieser Ordnung haben hier auf die Kurvenform keinen Einfluß mehr, da ihre Amplituden verschwindend gering sind.

Über die Analogausgabe wird der Steuerung eine im Bereich o..1o V veränderliche Steuerspannung zugeführt. Eine Steuerspannungsänderung führt zunächst zu Ausgleichsvorgängen. Wenn diese beendet sind, wird die sich einstellende Ausgangsspannung 2o ms lang mit einer Abtastrate 2o µs abgetastet. Somit ist das Signal in N = 1ooo diskrete Werte zerlegt worden, die numerisch ausgewertet werden können. Bild 59 zeigt das Ablaufdiagramm zu dem Meß- und Auswerteprogramm.

Es gilt:

$$U_{d\alpha} = \frac{1}{N} \sum_{i=1}^{i=N} U_{di} \qquad (127)$$

$$U_{d\alpha\ eff} = \sqrt{\frac{1}{N} \sum_{i=1}^{i=N} U_{di}^{2}} \qquad (128)$$

Für die Berechnung der Welligkeit gilt dann (4).

Durch stetiges Ändern der Steuerspannung und Abtasten der Stromrichterausgangsspannung wird der gesamte Aussteuerbereich durchfahren und die Messung ausgewertet.

Das Ergebnis der Messung und der Auswertung zeigt Bild 6o. Im Vergleich zwischen der theoretisch ermittelten Kurve Bild 24 und der durch die Schaltung realisierten kann man lediglich im Bereich der Maxima geringe Abweichungen erkennen die auf die Vernachlässigung der Kommutierungsvorgänge bei der theoretisch ermittelten Kurve zurückzuführen sind.

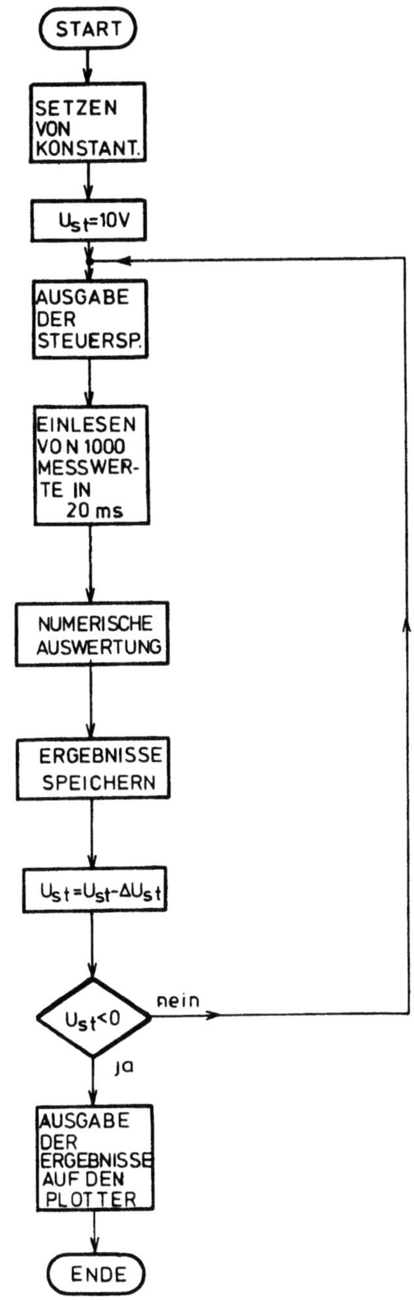

Bild 59: Ablaufdiagramm für das Programm zur Messung der Welligkeit einer Stromrichterschaltung

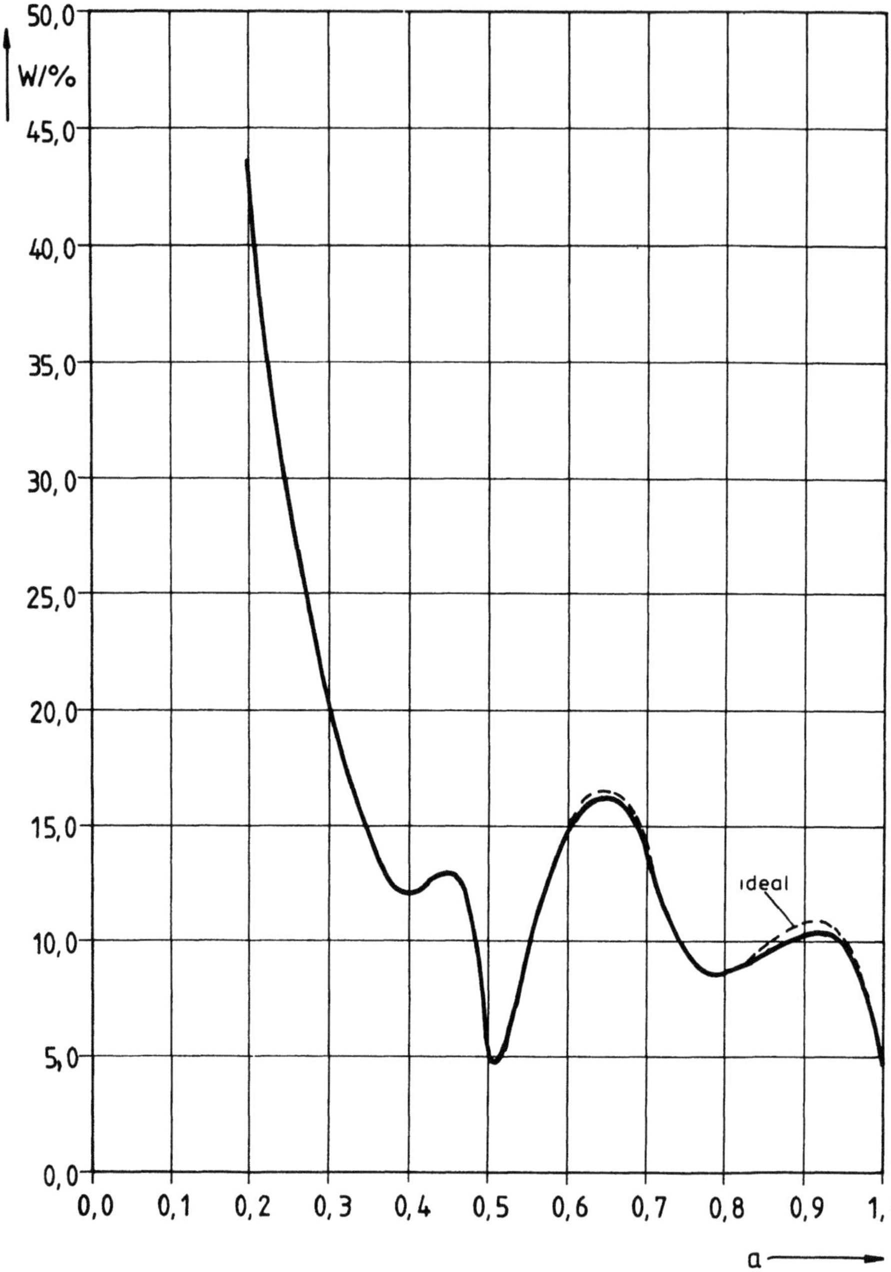

<u>Bild 6o:</u> Gemessene Welligkeit der Ausgangsspannung u_d einer zweistufigen Stromrichterschaltung mit Spannungsprofilsteuerung, Spannungsverhältnis b = o,5

9.1.4 Steuerwinkeloptimierung

In 3. wurde festgestellt, daß die Forderung $\alpha_2 = 0^o$ im Bereich $b\,U_{do} \leq U_d \leq U_{do}$ eine unnötige Einschränkung darstellt. Ferner wurden die Steuerwinkel α_1 und α_2 berechnet, bei denen die Welligkeit der Ausgangsspannung minimal wird.

Die Steuerung der Versuchsanlage wurde daraufhin so geändert, daß in jedem Betriebspunkt eine minimale Welligkeit der Ausgangsspannung erzielt wird.

Bild 61 zeigt den für einen Betriebspunkt oszillografierten Zeitverlauf der Stromrichterausgangsspannung.

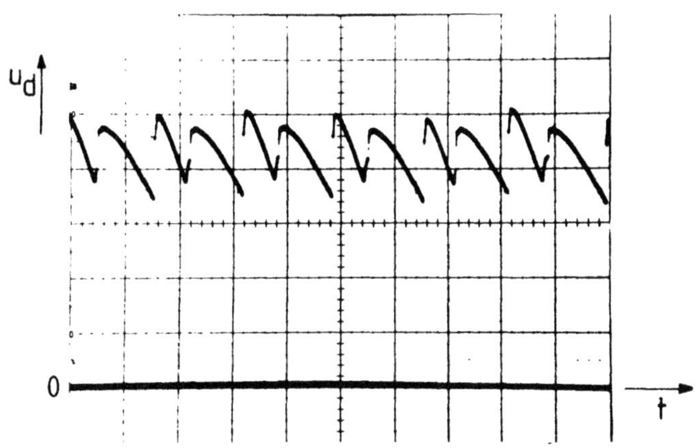

Bild 61: Ausgangsspannung u_d einer Stromrichterschaltung mit Spannungsprofilsteuerung für optimierte Steuerwinkel α_1 und α_2
y = 2o V/DIV, Zeitachse = 2ms/DIV

Mit dem in 9.1.3 beschriebenen Meßverfahren wurde ebenfalls die Welligkeit der Ausgangsspannung ermittelt. Das Ergebnis der Messung zeigt Bild 62.

Bild 62: Gemessene Welligkeit der Ausgangsspannug u_d als Funktion der Aussteuerung einer Stromrichterschaltung mit Spannungsprofilsteuerung bei optimierten Werten der Steuerwinkel α_1 und α_2.

9.2 Siebenstufige Stromrichterschaltung mit Spannungsprofilsteuerung

Elektrochemische Prozesse stellen an die betriebliche Verstellgeschwindigkeit zwischen zwei beliebigen Werten der Ausgangsspannung u_d meist nur begrenzte Anforderungen. In diesem Fall kann die in /8/, Bild 55, vorgestellte Kombination einer abschnittweise elektronischen bzw. elektromechanischen Steuerung angewendet werden. Sie bietet folgende Vorteile:

- geringe Welligkeit unterhalb eines wählbaren Höchstwerts
- vollelektronischer Kurzschlußschutz
- elektromechanische Schalter werden nur stromlos betätigt
- wirtschaftliche Lösung

Je nach Ausführung des Schaltwerks kann die Ausgangsspannung innerhalb von maximal 5o bis 4oo ms auf jeden gewünschten Wert verstellt werden. Die bisher praktizierte Lösung mit einem motorgetriebenen Stelltransformator benötigt dazu 3 bis 7 s.

Der vorgegebene Maximalwert der Welligkeit der Ausgangsspannung und der gewünschte Aussteuerbereich bestimmen die Zahl der Spannungsstufen.

Für viele elektrochemische Prozesse genügt es, die Welligkeit auf den Wert 1o % zu begrenzen. Fordert man dieses beispielsweise in einem Aussteuerbereich

$$o{,}12\ U_{do} \leq U_d \leq U_{do}\ ,$$

so ist dazu eine 7stufige Stromrichterschaltung in Spannungsprofilsteuerung nötig. Der Stelltransformator muß dann Anzapfungen bei $o{,}7^{(n-1)}$ 1oo % (n=1,2,..,7) haben. Das Prinzipschaltbild dieser schaltung ist in Bild 63 dargestellt. Hier werden die in jedem Teilbereich der Steuerung beteiligten Teilsteliglieder St_1 und St_2 durch mechanische Schaltglieder an die entsprechende Speisespannungen angeschlossen. Entsprechend den Anforderungen bei galvanotechnischen Prozessen kann dabei eine stufenlose Anpassung der Speisespannung an den

Prozeß erfolgen, wenn die Schaltzeitpunkte der Schalter S_i (i = 1,2,...,7) und die Zündwinkel α_1 und α_2 der beiden Steller St_1 und St_2 von einer gemeinsamen Steuerung vorgegeben werden. In Bild 64 wird eine grobe Übersicht über den Ablauf der Steuerung vermittelt. Nicht eingezeichnet ist die Überlastüberwachung. Diese muß zu jedem Zeitpunkt in die Steuerung eingreifen können. Die Steuerung muß eine größere Anzahl von analogen und binären Signalen verarbeiten, die in vielfältiger gegenseitiger Abhängigkeit zueinander stehen und außerdem von den Soll- und Istwerten des Prozesses abhängen. Die im Labor für Elektrische Maschinen und Antriebe der Universität Wuppertal gebaute siebenstufige Stromrichterschaltung mit Spannungsprofilsteuerung erreicht eine maximale Ausgangsspannung von 25o V und einen maximalen Strom von 2o A.

Der durch Rechnung ermittelte Verlauf der Welligkeit der Ausgangsspannung als Funktion der Aussteuerung ist in Bild 65 gezeigt. In Bild 66 ist die nach 9.1.3 an der Laboranlage gemessene Abhängigkeit der Welligkeit von der Aussteuerung dargestellt. Im Funktionsverlauf der Welligkeit von Bild 65 und 66 sind Unterschiede im Bereich $u_d < o{,}12\ u_{do}$. Der Kurvenverlauf nach Bild 65 ergibt sich, wenn die in Bild 56 eingezeichnete Verbindung der Mittelpunkte der Transformatoren Tr1 und Tr 2 nicht vorhanden ist. Die zu dieser Schaltung theoretisch ermittelten Netzrückwirkungen und der Leistungsfaktor können den Bildern 67 bis 7o entnommen werden. Als Voraussetzung für die Rechnung wurde dabei ein konstanter Laststrom angenommen.

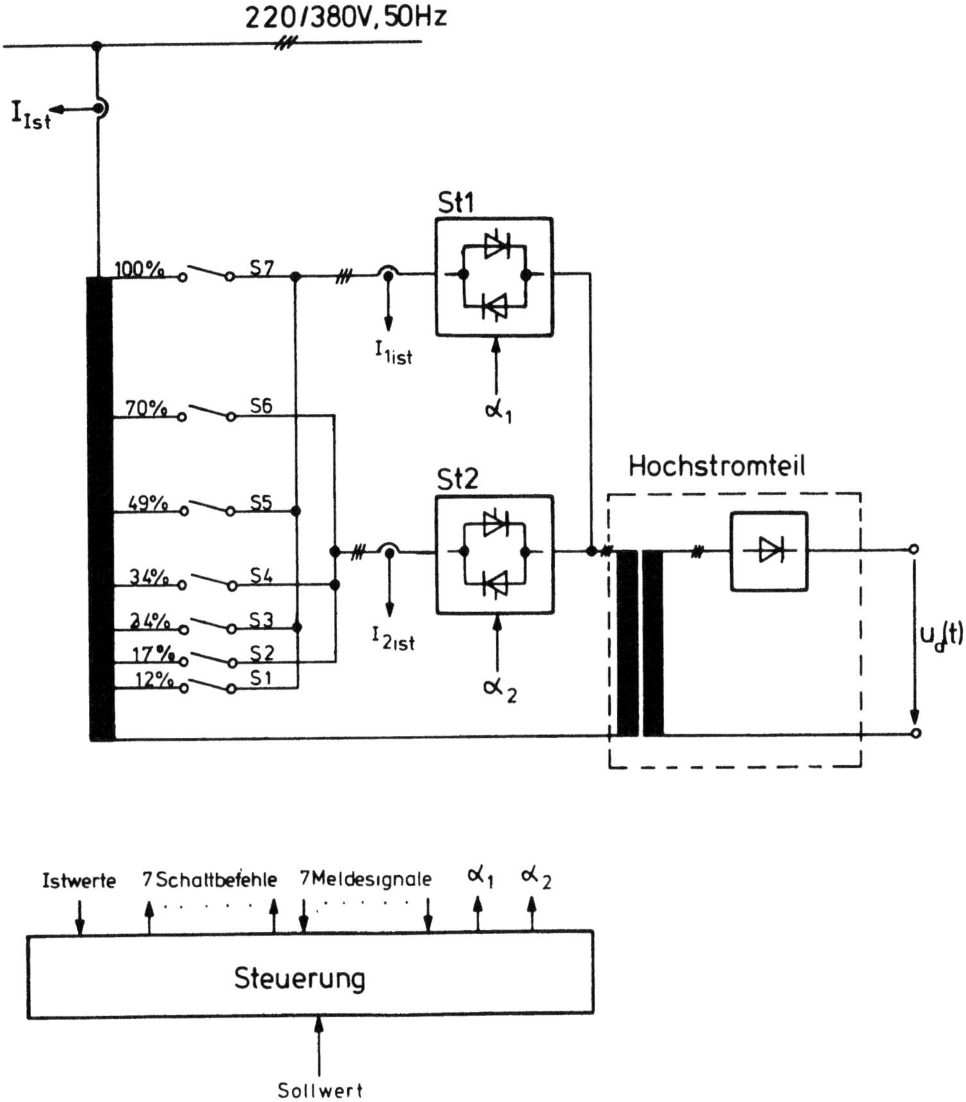

Bild 63: Prinzipschaltbild einer 7stufigen Stromrichterschaltung mit Spannungsprofilsteuerung

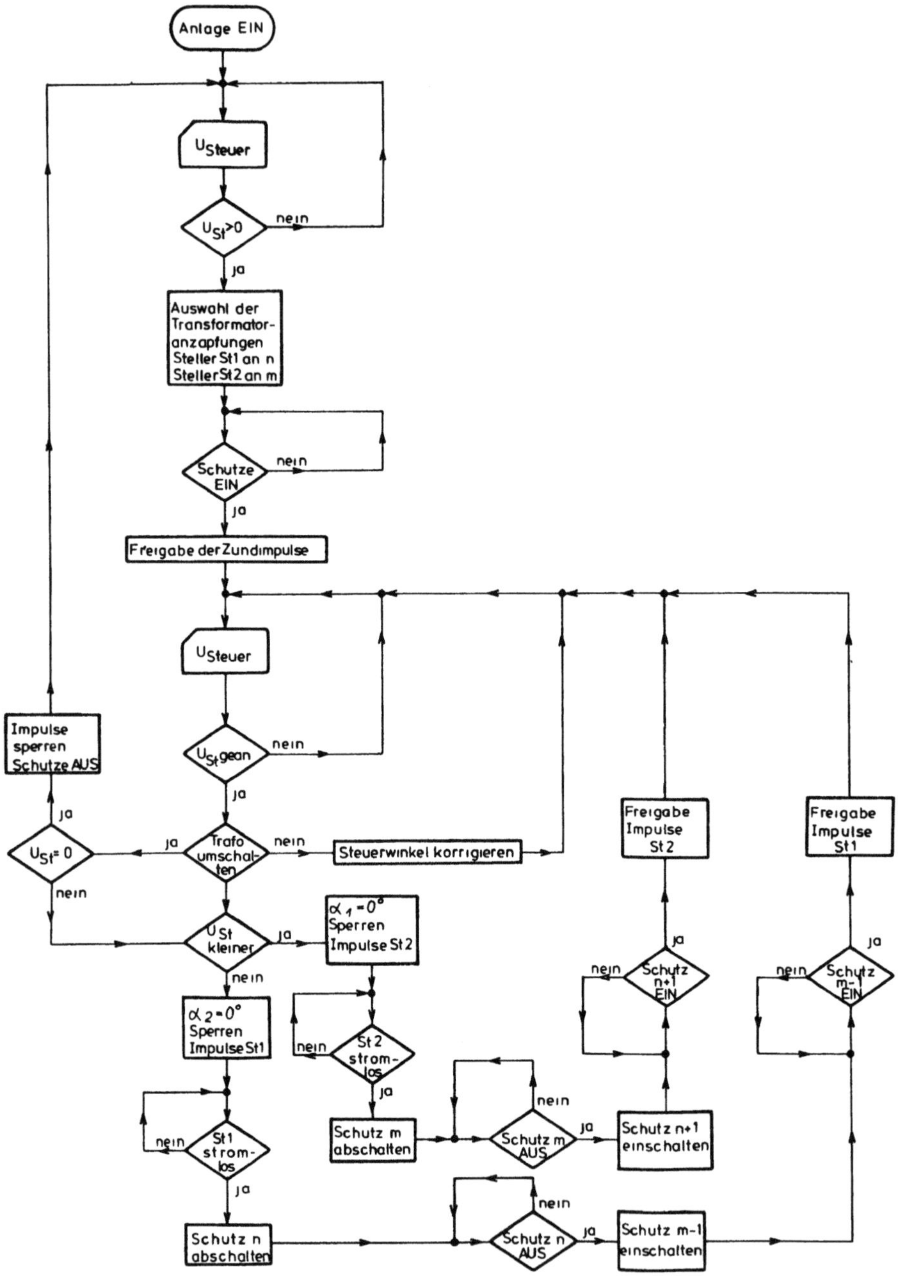

Bild 64: Ablaufdiagramm der Steuerung einer 7stufigen Stromrichterschaltung mit Spannungsprofilsteuerung

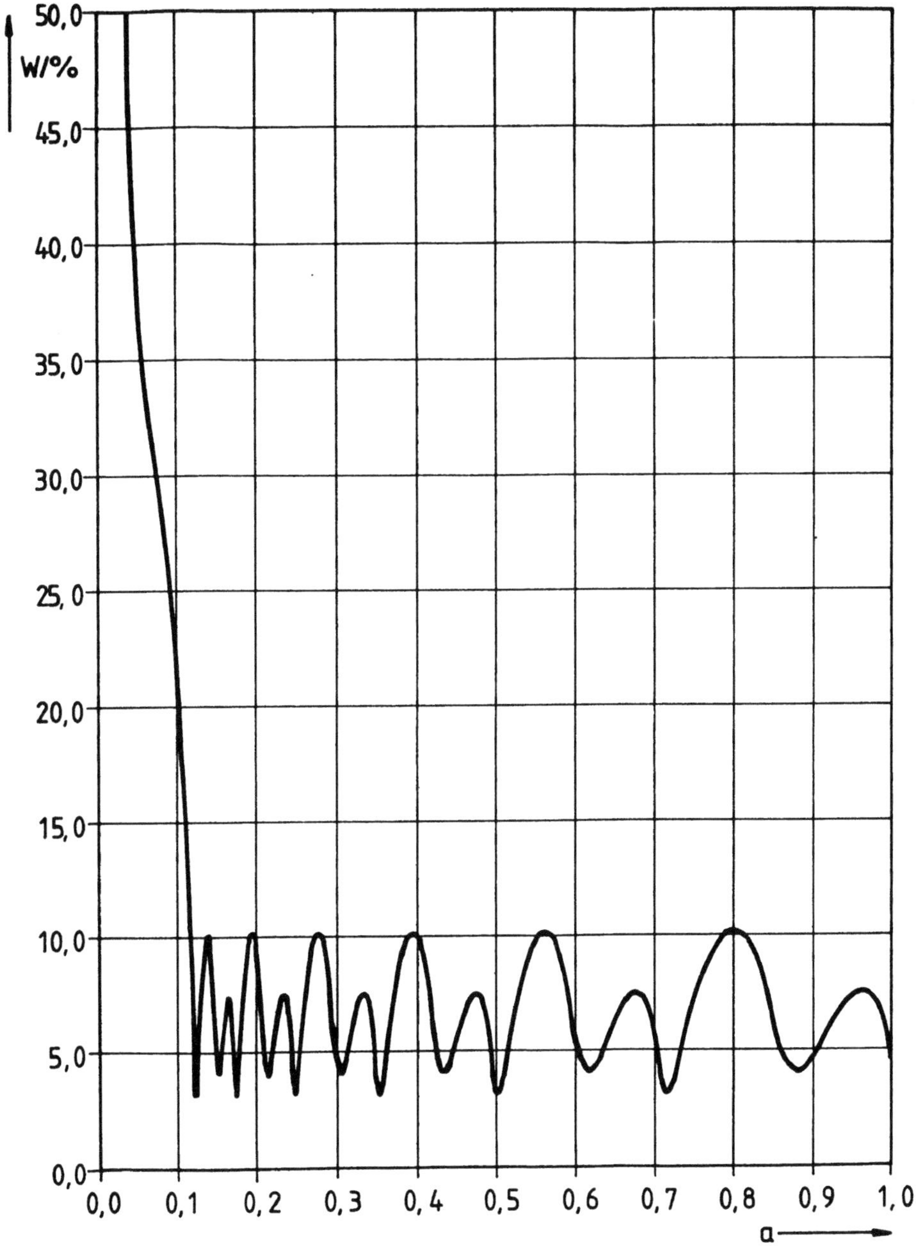

Bild 65: Welligkeit der Ausgangsspannung u_d als Funktion der Aussteuerung einer 7stufigen Stromrichterschaltung mit Spannungsprofilsteuerung

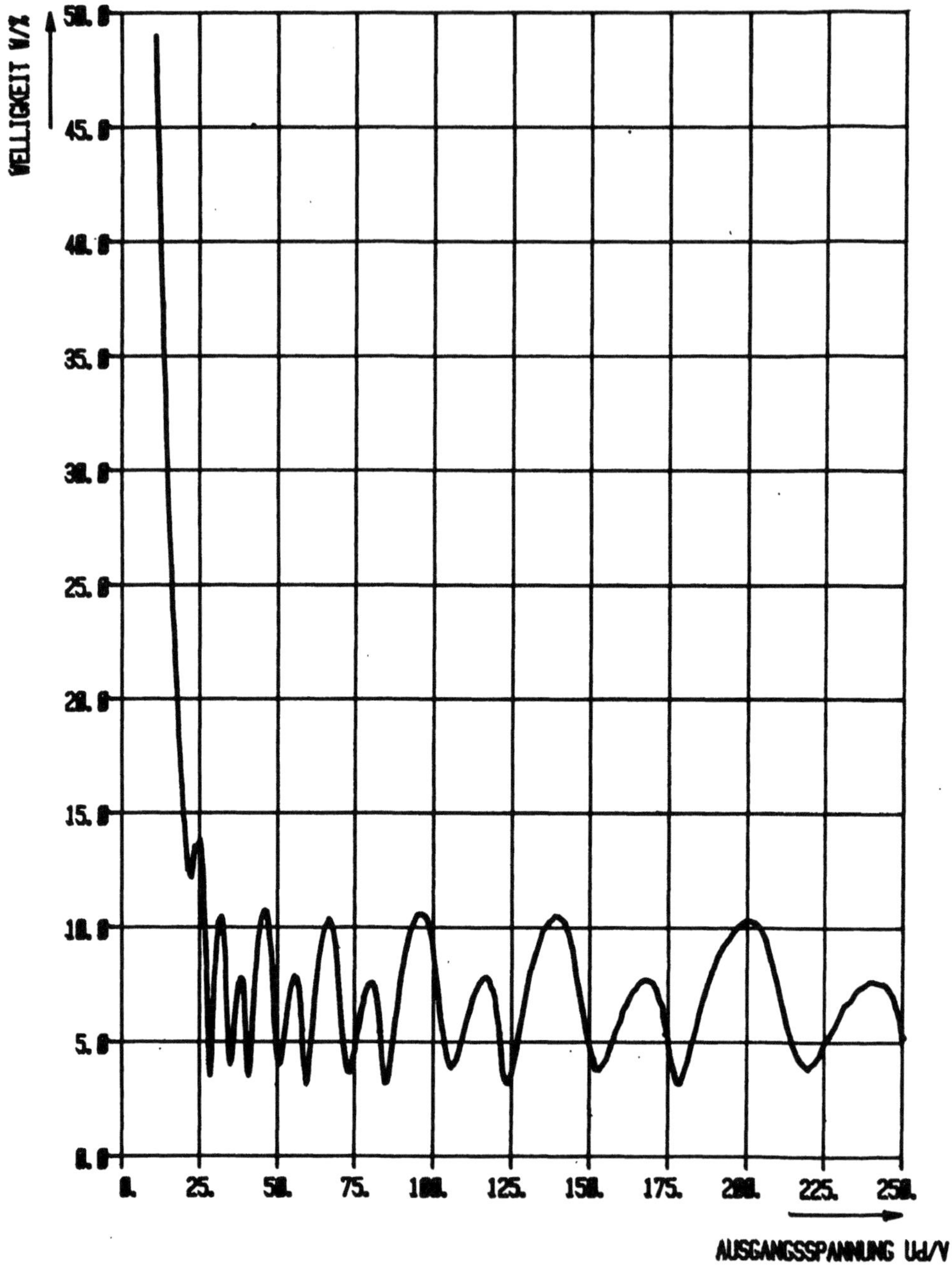

Bild 66: Gemessene Welligkeit der Ausgangsspannung u_d einer siebenstufigen Stromrichterschaltung nach dem Verfahren der Spannungsprofilsteuerung.

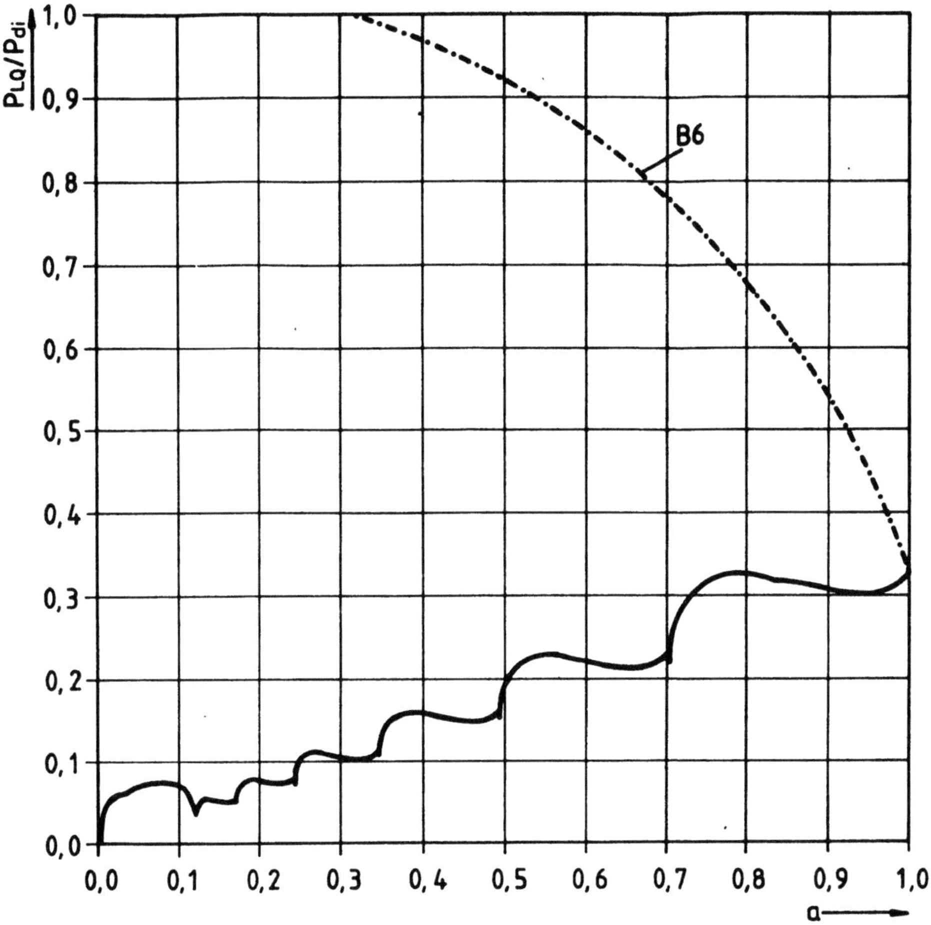

Bild 67: Bezogene Gesamtblindleistung P_{LQ}/P_{di} einer 7stufigen Stromrichterschaltung mit Spannungsprofilsteuerung bei gut geglättetem Gleichstrom im Vergleich zur B6-Schaltung

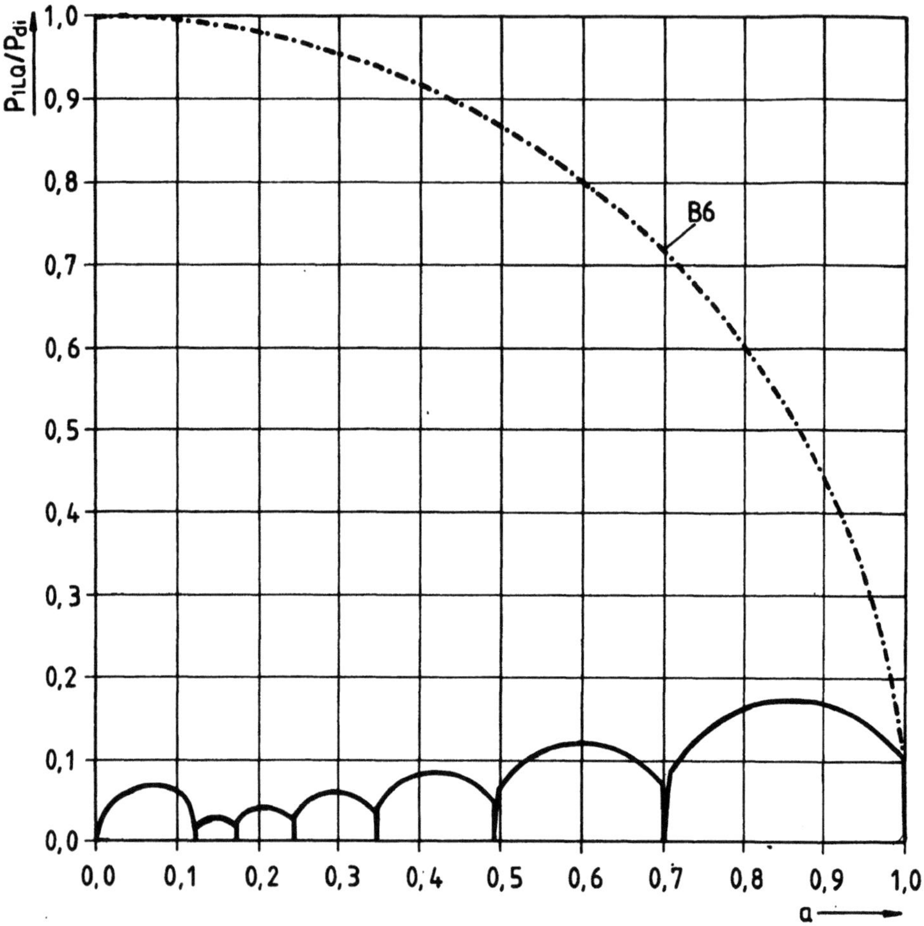

Bild 68: Bezogene Grundschwingungsblindleistung P_{1LQ}/P_{di} einer 7stufigen Stromrichterschaltung mit Spannungsprofilsteuerung bei gut geglättetem Gleichstrom im Vergleich zur B6-Schaltung

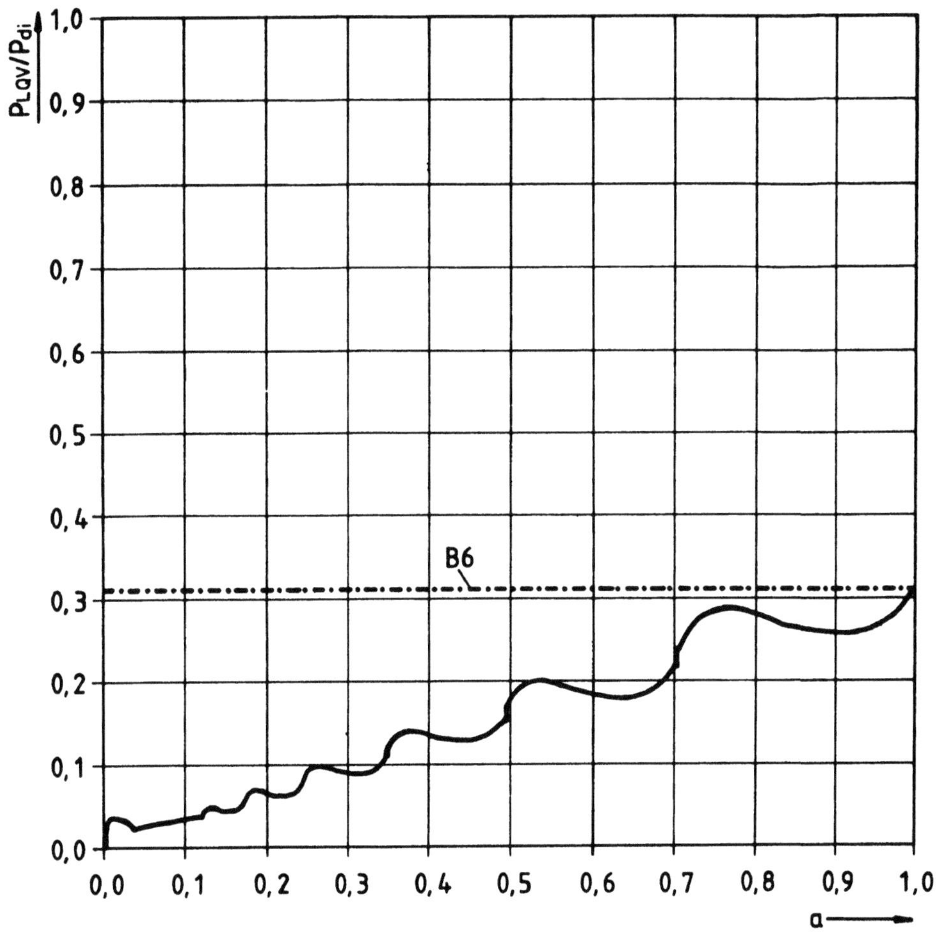

Bild 69: Bezogene Verzerrungsblindleistung P_{LQV}/P_{di} einer 7stufigen Stromrichterschaltung mit Spannungsprofilsteuerung bei gut geglättetem Gleichstrom im Vergleich zur B6-Schaltung.

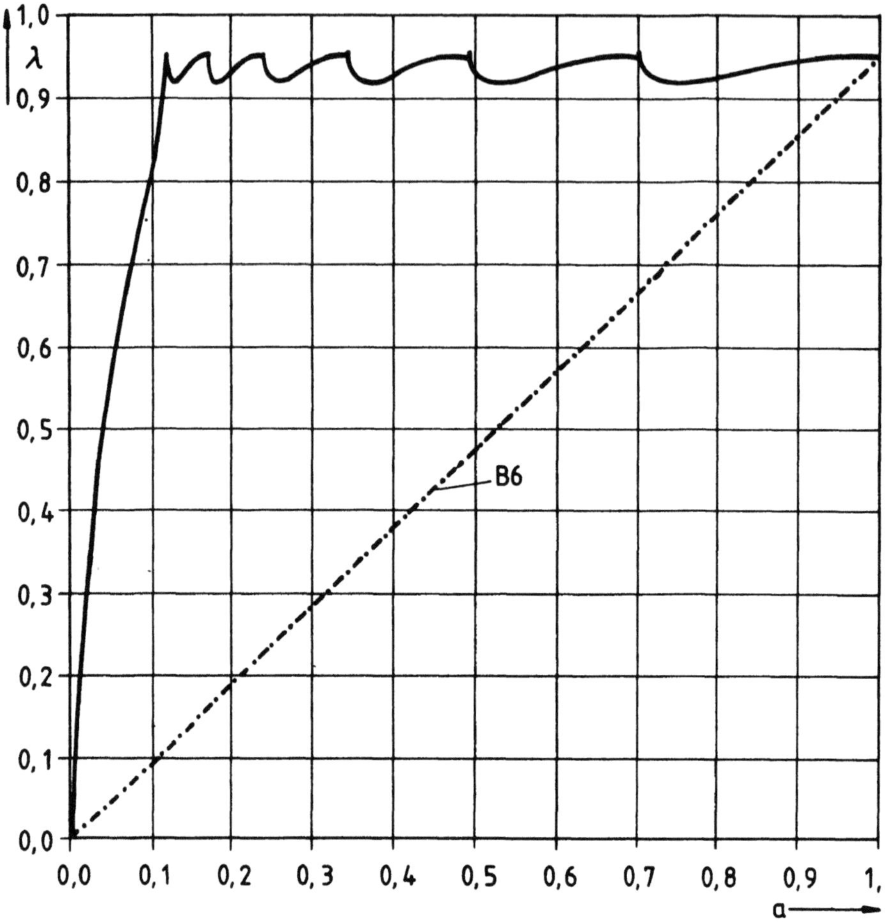

Bild 7o: Leistungsfaktor λ einer 7stufigen Stromrichterschaltung mit Spannungsprofilsteuerung bei gut geglättetem Gleichstrom im Vergleich zur B6-Schaltung.

1o. Zusammenfassung

Es wird eine neuartige Gruppe von steuerbaren netzgeführten Stromrichterschaltungen beschrieben, die wegen ihrer Eigenschaft der Spannungsprofilsteuerung schon bei geringer Pulszahl p ausgangsseitig Gleichspannungen von besonders geringer Welligkeit liefern. Deswegen sind diese Schaltungen für den Einsatz in elektrochemischen Anlagen besonders geeignet.

Die Welligkeit ist durch Vorgabe eines Spannungsverhältnisses b wählbar. Mit ihrer Abnahme geht eine Einschränkung des Aussteuerbereichs einher. Im Grenzfall kann die Welligkeit auf die Größenordnung des Minimalwerts reduziert werden, der einer entsprechenden ungesteuerten Schaltung zuzuordnen ist.

An der Gleichspannungsbildung sind stets zwei Teilstromrichter beteiligt, die mit unterschiedlichen Zündwinkeln betrieben werden. Durch Einsatz eines optimierenden Steuerverfahrens läßt sich der Verlauf der Welligkeit als Funktion der Aussteuerung günstig beeinflussen.

Größere Aussteuerungsbereiche sind durch Kaskadierung von Teilstromrichtern erreichbar. Dabei erfüllen insbesondere Schaltungen, in denen die Kaskadenstufen durch das Zünden von steuerbaren Ventilen ausgewählt werden, höchste dynamische Anforderungen.

Mehrstufige Schaltungen mit nur zwei steuerbaren Teilstromrichtern und einem zusätzlichen elektromechanischen Schaltwerk stellen eine wirtschaftlich günstige Lösung dar, wenn die Welligkeit über einen großen Aussteuerbereich unter einem wählbaren Grenzwert (z.B. 1o...2o%) liegen soll. Bei dieser Lösung ist die Stellgeschwindigkeit etwa 1o- bis 2omal größer als bei stellbaren Galvanikstromrichtern nach dem Stand der Technik.

Neben der geringen Welligkeit der Ausgangsspannung haben Stromrichterschaltungen nach dem Verfahren der Spannungsprofilsteuerung auch sehr günstige Eigenschaften bezüglich der stationären Netzkenngrößen. Ihre unerwünschten Netzrückwirkungen verringern sich in gleichem Maße wie die Welligkeit.

Formelzeichen

a	Aussteuerungsgrad
b	Spannungsverhältnis
I_{1L}	Effektivwert der Grundschwingung des Leiterstromes
I_d	Gleichstrommittelwert
I_L	Effektivwert des Leiterstromes
i	Momentanwert des Stromes
i	Laufindex
$\hat{i}$	Stromamplitude
K	Zählgröße
L1,L2,L3	Phasenbezeichnung
p	Pulszahl
P_{di}	ideelle Gleichstromleistung
P_L	Wirkleistung
P_{LQ}	Blindleistung
P_{LQV}	Verzerrungsblindleistung
P_{1L}	Grundschwingungsscheinleistung
P_{1LQ}	Grundschwingungsblindleistung
t	Zeit
u	Momentanwert der Spannung
$\hat{u}$	Spannungsamplitude
U_{di}	ideelle Gleichspannung
$U_{di\alpha\,eff}$	ideller Effektivwert
$U_{\ddot{u}i}$	ideeller Effektivwert des Wechselanteils
$u_S, u_{S\nu}, u_{S\mu}$	Sternspannungen
$\ddot{u}$	Übersetzungsverhältnis
w	Welligkeit
w	Übersetzungsverhältnis
α	Steuerwinkel
φ_1	Grundschwingungsverschiebungswinkel
Θ	Verschiebungswinkel zwischen der Stromrichterausgangsspannung und einer Sternspannung
ω	Kreisfrequenz

Literaturverzeichnis

1. Achilles, G., Geissing, H.:
Thyristor Umkehrstromrichteranlage für eine Kupferelektrolyse
Siemens-Zeitschrift 41 (1967), Seite 548 - 552

2. Flachmann, U., Steinbauer, W.:
Wassergekühlte Silizium-Großgleichrichteranlage in Kompaktbauweise für eine Aluminiumelektrolyse
Siemens-Zeitschrift 41 (1967), Heft 8

3. Siebenlist, H.:
Großgleichrichteranlage mit wassergekühlten Siliziumgleichrichtern
Siemens-Zeitschrift 44 (197o), Heft 6

4. Häusler, Michael:
Three-phase Bridge Rectifiers with Freewheeling Diodes
ETZ-A, Bd. 94 (1973), Heft 4

5. Gralla, Ekkehard/Heintze, Konrad/Kohaut, Johannes:
Steuerkennlinie, Welligkeit und Oberschwingungen von Gleichrichtern mit drehstromseitiger Anschnittsteuerung
ETZ-A, Bd. 85 (1964), Heft 3

6. Reiche, Wolfgang:
Steuerung von Stromrichtern
ETZ-A, Bd. 95 (1974), Heft 9

7. Möltgen, G.:
Netzgeführte Stromrichter mit Thyristoren
Siemens-AG, Berlin-München (1967)

8. Depenbrock, M.:
Leistungselektronik
Vorlesungsskript, Ruhr-Universität Bochum

9. Bardahl, N.:
Stromversorgung für Anlagen zur elektrochemischen Metallverarbeitung
Siemens-Zeitschrift 42 (1968) Heft 3

GPSR Compliance

The European Union's (EU) General Product Safety Regulation (GPSR) is a set of rules that requires consumer products to be safe and our obligations to ensure this.

If you have any concerns about our products, you can contact us on ProductSafety@springernature.com

In case Publisher is established outside the EU, the EU authorized representative is:

Springer Nature Customer Service Center GmbH
Europaplatz 3
69115 Heidelberg, Germany

Batch number: 10584556

Printed by Printforce, the Netherlands